INHALT

Trockenhelden | oben
Mit Stauden lassen sich auch an schwierigen Standorten fantastische Gartenbilder erzeugen.

Schattenkünstler | unten
Kein Standort ohne Stauden: Im Schatten verweben sich Farne, Wald-Erdbeeren und Purpurglöckchen zu einer attraktiven Blattschmuckgemeinschaft.

FASZINATION STAUDEN

Ausdauernd, robust, insektenfreundlich – die Welt der Stauden ist unglaublich vielfältig. Und Vielfalt ist der Schlüssel, um aus einem Garten einen Lebensraum zu schaffen.

Die große Auswahl an Stauden, Sträuchern und Bäumen, die in Gärten zur Verfügung steht, ist beeindruckend. Dennoch ist es erstaunlich, dass manche Menschen einen Garten bereits als anspruchsvoll bepflanzt betrachten, wenn sie Rasen, Kirschlorbeer, ein paar Hortensien und Chinaschilf nutzen. Gärten sollten vielfältig bepflanzt sein, mit zahlreichen verschiedenen Arten und Sorten. Dazu gehören Bäume, Sträucher, Stauden, ein- und zweijährige Sommerblumen, Immergrüne, Gräser, Farne und vieles mehr. So entstehen attraktive Gartenbilder, die vom Frühjahr bis in den Winter hinein Bestand haben und sich immer wieder verändern. Die Schaffung eines Lebensraumes im Garten erfordert eine vielfältige Gestaltung. Dies gilt nicht nur für den Menschen, sondern gleichermaßen für Tiere und Pflanzen.

In diesem Kontext sind Stauden von entscheidender Bedeutung. Es gibt kaum eine andere Gruppe von Gartenpflanzen, die eine ähnlich hohe Vielfalt aufweist und keine Wünsche offenlässt. Unabhängig von den spezifischen Standortbedingungen lassen sich stets die passenden Stauden finden.

Gärten haben in der heutigen Zeit eine hohe Relevanz erlangt. Dies liegt daran, dass sie nicht nur für den Menschen als Ort der Erholung dienen, sondern auch für Tiere und Pflanzen aller Art als Refugium fungieren. Die ausgeräumte, »freie Landschaft« entspricht nicht den Kriterien einer natürlichen Umgebung, ist keine »Natur« mehr. In der modernen Agrarlandschaft wird sie größtenteils als industriell genutzte Produktionsfläche für den Ackerbau und Forstwirtschaft verwendet. In unseren Gärten besteht die Möglichkeit, Refugien zu schaffen, die von Leben erfüllt sind und in denen auf den Einsatz von Pestiziden und anderen Giften verzichtet wird. Die Anlage artenreicher Blumen- und Staudenbeete, das Aufschichten eines kleinen Haufens alter Äste sowie das Aufschütten loser Steine genügt, um Lebensräume für Insekten und andere Tiere zu schaffen.

Ein wesentlicher Vorteil von Stauden besteht darin, dass sie im Vergleich zu anderen Gestaltungselementen im Garten, insbesondere im Vergleich zu Rasenflächen, eine deutlich geringere Pflegeintensität erfordern und zudem kostengünstiger in der Anlage sind.

Der Wunsch vieler Menschen nach einem pflegeleichten Garten ist durchaus nachvollziehbar. Mit den richtigen Pflanzen und einer geeigneten Pflanzenauswahl lassen sich insbesondere die Aufwendungen für die Pflege reduzieren. Voraussetzung hierfür ist eine harmonische Kombination von Standort und Pflanze. Stauden lassen dabei keine Wünsche offen und gehören bei optimalen Bedingungen zu den unkompliziertesten Gartenpflanzen. Was will man mehr?

F. Kullmann

Folko Kullmann,
Geschäftsführer der Gesellschaft der Staudenfreunde e.V.

1

Blatt- und Blütenschätze

DIE GROSSE WELT DER STAUDEN

Stauden sind das Herzstück jedes Gartens. Sie lassen mit ihrer unglaublichen Farbpalette und Formenvielfalt keine Wünsche offen und betören unsere Sinne vom Frühling über den Sommer bis zum Herbst – und sogar noch in den Winter hinein.

FÜR MEHR STAUDEN IN DEN GÄRTEN

Die Gesellschaft der Staudenfreunde e.V.

Die Gesellschaft der Staudenfreunde e.V., kurz GdS, ist eine deutschlandweite Vereinigung von Pflanzenfreunden, die es sich zur Aufgabe gemacht hat, zur Verbreitung und Förderung der Stauden, sowie zur Bewahrung und Weiterentwicklung des Wissens über diese Pflanzen beizutragen. Mit rund 6.000 Mitgliedern gehört sie zu den größten Pflanzenliebhabergesellschaften in Europa. Dabei ist sie nicht nur eine Vereinigung für Spezialisten, auch interessierte Garteneinsteiger finden hier ein Zuhause.

FACH- UND REGIONALGRUPPEN

Innerhalb der GdS gibt es 12 Fach- und über 35 Regionalgruppen, die zum Erfahrungsaustausch einladen. In den Fachgruppen finden Liebhaber besonderer Pflanzengruppen wie Aquiledia & Thalictrum, Dahlien, Fuchsien und Kübelpflanzen, Delphinium, Hemerocallis, Iris, Päonien, Hosta, Gräser, Farne, Zwiebelblumen und Rhizompflanzen, Lilien, Sempervivum/Jovibarba, Steingarten und Alpine, Kleinbleibende und langsam wachsende Pflanzen sowie Wildstauden Kontakt zu Gleichgesinnten und können Erfahrungen und Pflanzen austauschen.

MAGAZIN DER STAUDENGARTEN

In der vierteljährlich erscheinenden Zeitschrift »der Staudengarten« werden vielfältige Themen aus dem Bereich Garten behandelt. So werden zum Beispiel einzelne Staudengattungen und -arten ausführlich porträtiert, aber auch Ideen für die eigene Gartengestaltung vorgestellt. Reiseberichte machen Lust, die vorgestellten Gärten und Parks selbst zu besuchen. Das Lesevergnügen wird abgerundet durch Buchbesprechungen, Berichten von Wettbewerben und Prämierungen (viele GdS-Mitglieder sind erfolgreiche Pflanzenzüchter) und anderen interessanten Beiträgen.

Auf den sogenannten »Gelben Seiten« kommen die Fach- und Regionalgruppen zu Wort, berichten von ihren Aktivitäten und veröffentlichen ihren Veranstaltungskalender.

PFLANZENMONOGRAFIEN

In loser Reihenfolge veröffentlicht die GdS Pflanzenmonografien über ungewöhnliche Arten und Gattungen, wie Alpenveilchen *(Cyclamen),* Wildstauden, Farne *(Polypodium)* oder Leberblümchen *(Hepatica)*.

GESELLSCHAFT DER STAUDEN FREUNDE E.V.

Geschäftsführer
Dr. Folko Kullmann
Königstr. 10 b
70173 Stuttgart

www.gds-staudenfreunde.de

Mit Wedeln geschmückt
Auch Farne, hier der filigrane Wurmfarn *(Dryopteris)*, gehören botanisch gesehen zu den Stauden.

SAMENTAUSCH

Einmal jährlich schicken Hunderte von Hobbygärtnern selbst geerntete Samen ihrer Gartenpflanzen an die Samentauschzentrale der GdS. Dort wird ein Katalog erarbeitet, der jedes Jahr über 3.000 Positionen umfasst, darunter zahlreiche seltene Arten und Sorten, die nicht im normalen Handel erhältlich sind, und die gegen einen Unkostenbeitrag bestellt werden können.

PROJEKTE

Die Verbreitung von Stauden in den Gärten und in öffentlichen Parks und Anlagen zu fördern ist eines der Anliegen der Gesellschaft. Beispiele sind das Staudenbeet im Rombergpark in Dortmund, ein großes Doppelborder im klassischen englischen Stil oder der Staudengarten im New German Garden Style auf der Insel Mainau. Weitere von der GdS geförderte Staudenbeete und -pflanzungen sind die nach Farben gestalteten »Ninfa-Beet« im Schloss- und Landschaftspark Dennenlohe, die von Joachim Hegmann geplanten Staudenwiesen im Maxipark in Hamm, der zur Bundesgartenschau 2021 in Erfurt renovierte Karl-Foerster-Garten, ein moderner Bauerngarten auf der Landesgartenschau in Fulda 2023, der Farngarten in Schlangenbad im Taunus und, ganz aktuell, die neuen Dycker Staudengärten in Schloss Dyck, die Anfang 2025 eingeweiht wurden.

Kosmisch schön | links
Wie Blütenplaneten scheinen die Kugelblüten des Zier-Lauchs auch nach der Blüte über einem Salbei-Meer zu schweben.

Insektenmagneten | unten
Die zarten Blüten Storchschnabels *(Geranium)* sind nicht nur für das menschliche Auge attraktiv, sondern auch für zahlreiche Insekten.

SYMPOSIEN UND VERANSTALTUNGEN

Einmal jährlich veranstaltet die GdS eine an wechselnden Orten stattfindenden Jahrestagung, bei der die Mitglieder Gärten und Gärtnereien besuchen, Vorträge genießen und sich austauschen können Seit 2023 werden ebenfalls jährlich nationale und internationale Symposien veranstaltet, wie das Symposium »Dynamic Vision«, das im August 2023 über 450 begeisterte Pflanzenverwender, Gärtner, Planer und Architekten aus 27 verschiedenen Nationen nach Mannheim lockte, oder das »Symposium zur Pflanzenverwendung in der Stadt – die Garrigue kommt nach Mitteleuropa«, das in Kooperation mit der Fachhochschule Erfurt und dem Arbeitskreis Pflanzenverwendung im Bund deutscher Staudengärtner (BdS) im Spätherbst 2024 in Erfurt das Potenzial trocken- und hitzeverträgliche Pflanzen und Pflanzungen unter den Aspekt des Klimawandels beleuchtete.

Blauer Schatz

Rittersporn *(Delphinium)* übernimmt hier die Rolle der Leitstaude. Ihm zur Seite stehen Spornblume *(Centranthus)* und Steppen-Salbei *(Salvia nemorosa)*.

STRUKTUR IM BEET

Mit Leit-, Begleit- und Füllstauden gestalten Sie harmonische Pflanzbeete. Farbenfrohe Sommerblumen sowie Zwiebel- und Knollenpflanzen sorgen für zusätzliche Blickfänge.

Da sich Stauden in Wuchshöhen, Wuchsformen und auch in der Blüten- und Blattgröße unterscheiden, sollten Sie beim Bestücken eines Beets gewisse Rangfolgen einhalten. Je nach Gesamterscheinungsbild lassen sich die krautigen Pflanzen in verschiedene Gruppen einteilen.

Stellen Sie sich Ihr Staudenbeet wie ein Theater vor: Hauptdarsteller prägen das Schauspiel mit Aussehen und Charakter. Nebendarsteller begleiten die Hauptakteure und setzen diese in Szene. Und viele dezente, aber wichtige Statisten machen das Schauspiel komplett. So ist es auch im Staudentheater. Mit Leitstauden, Begleitstauden und Füllstauden können Sie eindrucksvolle blühende Bühnenbilder aufbauen. Als Leitstauden fungieren große eindrucksvolle Stauden und auch Ziergräser, die durch Wuchsform, Blütenpracht oder Blattschmuck den Charakter eines Beets prägen. Den Leitstauden stellt man sogenannte Begleitstauden zur Seite. Diese Stauden unterstützen die Farbwirkung und den Gesamteindruck des Beets. Und kleinere, niedrigere Füllstauden sorgen für Lückenschluss im Beet und bevölkern häufig den Beetrand.

Natürlich ist diese Einteilung, die sich hauptsächlich für klassische Staudenbeete anbietet, keine starre, unveränderliche Konstruktion. Die Übergänge sind fließend und eine Begleitstaude kann in einem Beet durchaus die Funktion einer Leitstaude einnehmen – Rollentausch ist erlaubt! Sie können auch wunderschöne Beete nur mit Begleitstauden gestalten oder eine niedrige Pflanzung nur mit Füllstauden zusammenstellen. Eine Beetgestaltung ist immer individuell. Sie kommt auf die gegebenen Standortbedingungen an und hängt nicht zuletzt vom Stil des Gartens und dem Geschmack des Gestalters ab.

Violette Fackeln | links oben

Die Prachtscharte *(Liatris spicata)* lässt sich als Leitstaude für den Spätsommeraspekt verwenden. Ihre Blütenstände erscheinen von Juli bis September und locken Schmetterlinge an.

Duftender Klassiker | rechts oben

Die hohe Sommer-Phlox *(Phlox paniculata)* mag luftige, halbschattige Standorte. Ein Wässern bei Trockenheit ist unbedingt nötig, um die prachtvolle Staude gesund zu halten.

Im Dreier-Pack | links unten

Violetter Steppen-Salbei, Knäuel-Glockenblume *(Campanula glomerata)* und karminrosa blühendes Purpurglöckchen *(Heuchera brizoides 'Scintillation')* – so sieht ein Trio mit attraktiven Füllstauden aus.

Gelingt garantiert | rechts unten

Die Kombination aus rosa-violett blühendem Steppen-Salbei *(Salvia nemorosa 'Amethyst')* als Begleitstaude und grün-gelbem Frauenmantel *(Alchemilla mollis)* als Füllstaude funktioniert immer und bringt einen reizvollen Farb- und Formenkontrast ins Beet.

AUFFÄLLIGE LEITSTAUDEN

Zu den Leitstauden gehören höhere und farbintensive Stauden, die im Beet den Ton angeben sollen. **Empfehlenswerte Leitstauden sind:** Rittersporn *(Delphinium)*, Pfingstrosen *(Paeonia)*, Prachscharte *(Liatris)*, Sommer-Phlox *(Phlox paniculata)*, Sonnenbraut *(Helenium)*, Stauden-Sonnenblumen *(Helianthus)*, Roter Sonnenhut *(Echinacea)*, Hohe Schafgarbe *(Achillea-Hybride)*, Silberkerze *(Cimicifuga)*, Königskerze *(Verbascum)*, Taglilie *(Hemerocallis)*, Greiskraut *(Ligularia)*, Kugeldistel *(Echinops)*, Herbst-Anemone *(Anemone)*, Kandelaber-Ehrenpreis *(Veronicastrum virginicum)*

LEITSTAUDEN

Als Hauptdarsteller im Beet eignen sich hohe, prächtige und farbintensive Stauden wie Rittersporn *(Delphinium)* oder Pfingstrosen *(Paeonia)*. Sie geben den Ton im Beet an. Bei der Pflanzplanung eines Beets sollte man sein Augenmerk zunächst auf die Verwendung der Leitstauden werfen, denn diese stellen das Rückgrat beziehungsweise die Höhepunkte des Beets dar. Leitstauden werden einzeln gesetzt, zu dritt oder fünft, und manchmal sogar nebeneinander aufgereiht als Pflanzstreifen verwendet. Besonders eindrucksvolle Leitstauden, sogenannte Solitärstauden, müssen auf jeden Fall einzeln an ausgewählten Plätzen, in Sichtachsen, Wegekreuzen etc. präsentiert werden. Aufgrund ihrer Höhe und Breite gehören ansonsten Leitstauden in den Beethintergrund oder in die Beetmitte, damit sie die anderen Stauden nicht zu sehr verdecken.

Je nach Jahreszeit können verschiedene Stauden die Funktion der Leitstauden übernehmen. Als Hauptdarsteller fürs Frühjahr bietet sich zum Beispiel Tränendes Herz *(Dicentra)* an. Da die Frühlingsleitstauden häufig nach der Blüte unattraktiv werden oder ganz einziehen, sollte man sie in den Beethintergrund setzen. Während der späteren Frühlings- und Sommerzeit übernehmen dann Sommer-Phlox *(Phlox paniculata)*, Rittersporn, Pfingstrosen, Taglilien *(Hemerocallis)*, Roter Sonnenhut *(Echinacea)* oder Königskerze *(Verbascum)* den Beetvorsitz. Leitstauden für den Spätsommer und Herbst sind Herbst-Anemonen, Raublatt-Astern *(Aster novae-angliae)*, Purpurdost *(Eupatorium fistulosum)*, Herbst-Eisenhut *(Aconitum carmichaelii)* oder Oktober-Silberkerzen *(Cimicifuga simplex)*.

Auch Ziergräser wie Chinaschilf *(Miscanthus)* oder Reitgras *(Calamagrostis)* spielen im Herbst gern die Hauptrolle im Staudentheater.

Bei der Verteilung der Leitstauden gilt das bekannte Motto: Weniger ist mehr! Verwenden Sie nicht zu viele verschiedene Leitstauden in einem Beet, denn die Solisten schwächen sich ansonsten gegenseitig in ihrer Ausstrahlung. Und der Gesamteindrucks des Beets wird aufdringlich und unharmonisch.

Gut aufgestellt

Dieses Beet in Purpur und Violett zeigt eine gute Höhenstaffelung

BEGLEITSTAUDEN

Den eben beschriebenen Leitstauden stellen Sie die sogenannten Begleitstauden zur Seite. Das sind die Mitspieler und Partner der Leitstauden, die sich an deren Seite schmiegen. Sie sollten eine etwas niedrige Wuchsform als die Leitstauden haben und die gewünschte Farbwirkung der Anlage unterstützen. Dies kann geschehen, indem Kontraste erzeugt werden: Stahlblauer Rittersporn wirkt zum Beispiel umwerfend intensiv in einem Meer aus Brennender Liebe *(Lychnis chalcedonica)*. Oder Sie wiederholen die Farbe der Leitstauden in den Blüten der Begleitstauden. So passen die bizarren gelben Blüten des Brandkrauts *(Phlomis russeliana)* ausgezeichnet zu den zarten gelben Blüten des Mädchenauges (*Coreopsis* 'Moonbeam'). In pastelligen Staudenrabatten können Sie rosafarbenen Sommer-Phlox oder Moschus-Malve *(Malva moschata)* hervorragend graulaubige Stauden wie Woll-Ziest *(Stachys byzantina)*, Currykraut *(Helichrysum italicum)* oder Perlpfötchen *(Anaphalis triplinervis)* zur Seite stellen.

Begleitstauden setzt man meist kleinen Gruppen von drei bis zehn Pflanzen zusammen. Auch hier gilt: Lieber nur einige wenige Begleitstauden für ein Beet auswählen. Die ausgesuchten Stauden sollten Sie jedoch an verschiedenen Stellen aufblitzen lassen – Wiederholungen bringen Harmonie in die Gestaltung. Begleitstauden können Sie in kompakten Gruppen – in Tuffs – pflanzen oder als schöne lang gezogene Farbbänder – als Driften – durch Beet ziehen.

BEGLEITSTAUDEN ALS PARTNER

Begleitstauden werden in größeren Gruppen gepflanzt und sollen die Farbwirkung der Leitstauden unterstützen.

Empfehlenswert sind: Steppen-Salbei *(Salvia nemorosa)*, Feinstrahlaster *(Erigeron)*, Katzenminze *(Nepeta × faassenii)*, mittelhohe Astern *(Aster amellus, A. dumosus)*, Kerzen-Knöterich *(Bistorta)*, Woll-Ziest *(Stachys byzantina)*, Gemswurz *(Doronicum)*, Pfirsichblättrige Glockenblume *(Campanula persicifolia)*, Sterndolde *(Astrantia major)*, Nelkenwurz *(Geum)*

Klassisch verteilt

Den Vorsitz in diesem zweiteiligen Staudenbeet übernehmen blauer Rittersporn und gelb blühendes Brandkraut *(Phlomoides)*. Begleitstauden sind Spornblumen, Storchschnabel und *Helichrysum*. Frauenmantel *(Alchemilla)* umschmeichelt den Wegrand.

Wandelbar | links

In großzügigen Pflanzung mit viel Platz können Sie den gelben Sonnenhut *(Rudbeckia fulgida)* und auch Kerzen-Knöterich *(Bistorta amplexicaule* 'Atropurpureum') als Begleit- oder Füllstaude einsetzen.

Herbstzauber | rechts

Für farbliche Höhepunkte sorgen hier Hohe Fetthenne *(Sedum)* und gelbe Goldrute *(Solidago)*. Astern spielen die Rolle der Begleitstauden und den Beetrand schmückt weißes Steinkraut.

FÜLLSTAUDEN BRINGEN VOLUMEN

Den Beetrand sowie Lücken in der Pflanzung schließen und bewachsen Füllstauden. Sie werden in größeren Gruppen oder flächig verwendet.
Wertvolle Füllstauden sind: Storchschnabel *(Geranium)*, Gänsekresse *(Arabis)*, Grasnelken *(Armeria)*, Felsen-Steinkraut *(Aurinia saxatile)*, Stauden-Lein (Linum perenne), Pfennigkraut *(Lysimachia nummularia),* niedrige Glockenblume *(Campanula portenschlagiana, C. carpatica, C. poscharskyana),* Frauenmantel *(Alchemilla mollis)*, Purpurglöckchen *(Heuchera)*, Kleines Stachelnüsschen *(Acaena microphylla)*, niedrige Astilben, Elfenblume *(Epimedium)*

Schönes Trio

Violetter Steppen-Salbei *(Salvia nemorosa)* lässt sich von den grüngelben Blütenwolken des Frauenmantels *(Alchemilla)* umschmeicheln. Das Fußvolk bildet rosa blühender Storchschnabel.

FÜLLSTAUDEN

Wenn Leitstauden und Begleitstauden ihre Plätze eingenommen haben, werden die restlichen freien Flächen mit niedrigen, dezenten Staudenarten gepflanzt. Diese Füllstauden sollen die Füße der anderen Beetbewohner umschmeicheln, lästiges Unkraut unterdrücken und vor allem am Beetrand einen schönen Übergang zur angrenzenden Rasen- oder Pflasterfläche schaffen. Außerdem können Storchschnabel *(Geranium)*, Purpurglöckchen *(Heuchera)* oder Frauenmantel *(Alchemilla mollis)* das welke Laub von Zwiebelblumen verdecken oder die »leeren« Pflanzplätze von Stauden kaschieren, die nach der Blüte einziehen, wie Tränendes Herz *(Dicentra spectabilis)* oder Orientalischer Mohn *(Papaver orientale)*. Für einen attraktiven Beetrand während des Frühlings sorgen Polsterstauden wie die weiß blühende Schleifenblume *(Iberis sempervirens)*, das gelbe Felsen-Steinkraut *(Aurinia saxatile)* oder das Blaukissen *(Aubrieta)*.

In schattigen Bereichen können Sie Beetlücken mit blühenden Füllstauden wie Stern-Anemonen *(Anemone blanda),* Gedenkemein *(Omphalodes verna),* Lerchensporn *(Corydalis lutea)*, niedrige Astilben, Ungarwurz *(Waldsteinia)* und Elfenblume *(Epimedium)* füllen. Wer sein Schattenbeet lieber mit schönem Blattwerk auffüllen möchte, wählt Seggen-Arten *(Carex)*, Marbel-Arten *(Luzula)*, kleine Farne wie den Tüpfelfarn *(Polypodium vulgare)* oder Pfauenradfarn *(Adiatum pedatum)* oder kleinblättrige Funkien *(Hosta)*.

DYNAMISCHE LÜCKENFÜLLER

Ein Staudenbeet bis ins Details zu planen, macht zwar etwas Arbeit, aber auch jede Menge Spaß und man lernt auf der Suche nach neuen Ideen und beim Stöbern durch Fachbücher, Zeitschriften und Kataloge immer wieder neue Pflanzen kennen. Steht das Beetkonzept letztendlich und sind die Stauden in die Erde gebracht, sollte die gewünschte Kombination bei guter Pflege viele Jahre lang halten. Allerdings sollten Sie sich trotz detaillierter Planung einen »unkontrollierbaren« Beetaspekt gönnen: Mogeln Sie zwischen die sesshaften Stauden auch ein paar vorwitzige Vagabunden. Kurzlebige Springer wie Kronen-Lichtnelke *(Lychnis coronaria)*, Akelei, Nachtkerzen *(Oenothera)*, Bart-Nelken *(Dianthus barbata)*, Fingerhut (Digitalis), Purpur-Leinkraut *(Linaria purpurea)*, Eisenkraut *(Verbena bonariensis)* oder Stockrose *(Alcaea)* sind ganz und gar nicht standorttreu, sondern suchen sich jedes Jahr durch Selbstaussaat einen neuen Platz im Beet. Sie sorgen so immer wieder für neue überraschende Gartenbilder.

EIN PARADIES IM BODENSEE

Vielfältige Farben, zarte und berauschende Düfte, fröhliche und ruhige Klänge,schmeichelnde Aromen – die Mainau bietet ein Fest für die Sinne.

»Als erster Park in Europa wurde die Mainau GmbH 1998 nach den EU-Öko-Audit-Umweltrichtlinien (EMAS) zertifiziert. Ziel ist es, den Umweltstandard der Mainau im Rahmen der wirtschaftlichen und technischen Möglichkeiten kontinuierlich im Sinne von EMAS II weiterzuentwickeln und damit als größter touristischer Anbieter in der Region Vorreiter dieser Branche im Umweltschutz zu bleiben.«

Der neue Staudengarten
In den Staudenbeeten wird das klassische System der Pflanzenverwendung nach Lebensbereichen neu aufgenommen und weiterentwickelt.

Üppige Blütenpracht das ganze Jahr über, ein Park mit einem über 150 Jahre alten Baumbestand, der barocke Glanz von Schlossanlage und Kirche, dazu der mediterrane Charakter – das ist die Mainau, die Blumeninsel im Bodensee. Graf Lennart Bernadotte († 2004), der Urenkel von Großherzog Friedrich I. , entwickelte den verwilderten Park zu einem Blumen- und Pflanzenparadies weiter und machte die Insel der Öffentlichkeit zugänglich. Die nach Graf Lennart folgende fünfte Bernadotte-Generation ist bestrebt, die seit 1932 erarbeitete und fundierte Philosophie weiterzuführen und für Besucher aus aller Welt eine Oase der Naturschönheit, Harmonie und Entspannung immer wieder neu zu schaffen. Den Stress des Alltags und des übertechnisierten Zeitalters für ein paar Stunden zu vergessen und in der »Entschleunigung« Erholung zu finden, soll der Gewinn für die Mainau-Gäste sein, wenn sie die vom Klima begünstigte und in der Welt einmalige Blumeninsel im Bodensee besuchen.

Rund eine Million Besucher pro Jahr zählt das 45 Hektar große Eiland und ist heute die größte Touristenattraktion am Bodensee. Die Blumeninsel bietet weit mehr als einen den Jahreszeiten folgenden Blütenreigen. Die wechselnde Blütenpracht und das wertvolle Arboretum machen die Mainau zu einem einzigartigen Erlebnis. Vor allem die Sammlungen der Palmen und Zitruspflanzen vermitteln tropisches Flair. In einem der größten Schmetterlingshäuser Deutschlands können rund 40 exotische Schmetterlingsarten aus der Nähe beobachtet werden. Jede Menge Naturerlebnis, Lehrreiches und Abwechslung bieten der Stauden- und der Dahliengarten, der Dachgarten auf der Comturey, die Metasequia-Allee und die neue, tropisch anmutende Pflanzung »Farn und Fuchsie«. Kinder kommen auf den zahlreichen Spielplätzen und dem Bauernhof mit Streichelzoo sowie einer Ponyreitbahn auf ihre Kosten. Glanzvolle Events wie das »Gräfliche Inselfest« und das »Gräfliche Schlossfest«, die »Klingende Mainau« und die Mainau-Konzerte sind sehr beliebte Veranstaltungen auf der Insel Mainau. Die Gastronomie der Insel besteht seit über 75 Jahren. Inzwischen angewachsen auf acht über die Insel verteilte Betriebe wird das gastronomische Angebot allen Wünschen gerecht, es reicht vom Imbiss und Nachmittagskaffee bis zum festlichen Menü am Abend.

Blauer Schatz
Edeldistel *(Eryngium)* übernimmt hier die Rolle der Leitstaude. Nachbarn sind Knautien, Malven, Glockenblumen und einjähriges Lampenputzergras.

SOMMERBLUMEN ALS FARBTUPFER

Mit einjährigen Sommerblumen können Sie Farbe ins Staudenbeet bringen und Pflanzlücken schließen.
Sommerblumen als Staudenpartner: Zinnie *(Zinnia)*, Kosmee *(Cosmos)*, Wunderbaum *(Rhizinus)*, Goldmohn *(Eschscholzia california)*, Ziertabak *(Nicotiana)*, Ringelblumen *(Calendula)*, Spinnenblume *(Cleome)*, Löwenmäulchen *(Antirrhinum)*, Studentenblume *(Tagetes)*, Leberbalsam *(Ageratum)*, Sommerastern *(Callistephus)*, Rauer Sonnenhut *(Rudbeckia hirta)*, Lobelie *(Lobelia fulgens)*, Marien-Glockenblume *(Campanula medium)*, Einjährige Sommerblume *(Helianthus annuus)*, Einjährige Salbei-Arten *(Salvia farinacea, S. splendens)*

BLÜTENZAUBER FÜR EINE SOMMERSAISON

Ebenfalls jedes Jahr neu und sehr spannend ist der Einsatz von Sommerblumen im Staudenbeet. Die einjährigen Pflanzen können »Erste Hilfe« in frisch angelegten Staudenbeete leisten und die noch lückige Pflanzung auffüllen. Wer mag, kann auch ganz bewusst Plätze im Beet frei lassen, um diese jährlich mit anderen Sommerblumen zu besetzen. So sieht das Beet immer ein bisschen anders aus – keine Chance für Langeweile!

Im Gartenbeet kommen, anders als im Topf oder Balkonkasten, höhere, aufrecht wachsende Einjährige häufiger zum Einsatz als flach liegende beziehungsweise hängende Sommerblumen. Schließlich müssen sich Zinnien *(Zinnia)*, Studentenblumen *(Tagetes)*, Levkoje *(Matthiola)*, Löwenmäulchen *(Antirrhinum)*, Kosmeen, Zier-Tabak *(Nicotiana)* und Ringelblumen auch neben den mehrjährigen Stauden behaupten und wollen ihre Blüten zwischen die Staudenblüten mischen. Sommerblumen strotzen nur so vor Energie und häufig sehr auffällig und farbintensive Blüten, deshalb sollten sie im Staudenbeet nur punktuell eingesetzt werden. Überfrachten Sie ein Beet nicht mit Sommerblumen, sonst wird es schnell kunterbunt und wirkt zu aufdringlich. Setzen Sie lieber auf einige wenige Farbkombinationen, die dann aber besser zur Geltung kommen. Eindrucksvoll zeigt sich zum Beispiel die Kombination aus orange blühendem Goldmohn *(Eschscholzia california)* und mehrjährigem Steppen-Salbei *(Salvia nemorosa)*. Sommerblumen spielen nicht nur als Mannschaftskamerad in der Staudenliga mit, sie können durchaus auch die Kapitänsbinde tragen, sprich als Leitpflanzen und Solitäre verwendet werden. Dekorative Solisten sind Wunderbaum *(Ricinus communis)* und die Amaranth-Sorte 'Rote Fackel'. Zu den Leitpflanzen, die in kleinen Gruppen gepflanzt werden und über die Sommermonate hinweg den Charakter eines Beets bestimmen können, gehören Spinnenblumen *(Cleome spinosa)*, hohe Kosmeen-Sorten und großer Zier-Tabak *(Nicotiana sylvestris)*.

Höhepunkte im Beet können auch mit einjährigen Kletterern berankte Obelisken darstellen. In fröhlichen Sommerbeete passt zum Beispiel ein Rankgerüst mit Schwarzäugiger Susanne *(Thunbergia)* oder kletternder Kapuzinerkresse *(Tropaeolum peregrinum)*. In Bauerngärten lassen Sie Duftwicken *(Lathyrus odoratus)* an Obelisken oder an Zäune emporranken.

Neben den blühenden Einjährigen spielen in modernen Pflanzungen auch einjährige Blattschmuckpflanzen und Ziergärten eine immer größere Rolle. Grüne beziehungsweise buntgrüne Akzente setzen zum Beispiel Buntnesseln *(Solenostemon* syn. *Coleus)*, Papageienblatt *(Iresine)* und Sommerzypresse *(Bassia scoparia)*. Und wer sich einmal in die zauberhaften Wedel des rotlaubigen Federborstengrases *(Pennisetum setaceum 'Rubrum')*, der Mähnen-Gerste *(Hordeum jubatum)* oder des Fiedergrannengras *(Pennisetum villosum)* verliebt hat, möchte diese in keinen Sommer lang missen.

Kunterbunt

Eine wirklich unkonventionelle Mischung aus Stauden, Sommerblumen und Zwiebelblumen mit *Verbena bonariensis, Veronicastrum virginicum* 'Album', *Crocosmia* 'Lucifer', *Leucanthemum superbum* 'Aglaia', *Hemerocallis* 'Hyperon', *Sanguisorba tenufolia* 'Pink Elephant', *Eremurus × isabellinus* 'Cleopatra', *Allium sphaerocephalum, Catanache caerulea* 'Alba' und 'Major', *Echinacea purpurea* 'Ruby Giant', *Dahlia* 'Murdoch', *Lilium regale, Achillea* 'Walter Funcke', *Echinacea* 'Art's Pride', *Deschampsia cepitosa* 'Goldtau', *Knautia macedonica, Eryngium* 'Jos Eijking' und *Selinum carvifolium*.

ZWIEBELN UND KNOLLEN

Zwiebel- und Knollenblumen sind im Grunde genommen auch Stauden, denn ihre oberirdischen Organe sterben im Winter ab, sie verholzen nicht und wachsen mehrjährig. Allerdings werden Tulpen, Narzissen und Konsorten aber nicht der Regel als eigene Pflanzengruppe behandelt und vermarktet. Also ist es durchaus legitim, davon zu sprechen, dass man ein Staudenbeet mit Zwiebelblumen aufpeppen möchte. Und das funktioniert in der Tat hervorragend. Bereits im zeitigen Frühjahr beginnt die Zeit der Zwiebeln. Winterlinge *(Eranthis hyemalis)*, Schneeglöckchen *(Galanthus)* und Netz-Iris *(Iris reticulata)* strecken noch vor den meisten anderen Stauden ihre Blütenköpfe der Sonne entgegen. Dann folgen nach und nach viele weitere Zwiebel- und Knollenschönheiten. Die Winzlinge unter ihnen wie Schneeglanz *(Chionodoxa)* oder Buschwindröschen *(Anemone nemorosa)* sollten Sie in die vorderen Beetbereiche verteilen, damit die Minis gut sichtbar sind. Die zarten Frühlingszwiebelpflanzen können sich am besten und ungestört in Steingartenalgen oder im Schutz von Gehölzen ausbreiten und eindrucksvolle Blütenteppiche bilden. Dagegen fühlen sich spätere, meist züchterisch veränderte Frühlingsblüher wie Tulpen, Narzissen und Zierlauch eher in prachtvollen Beetstaudenpflanzungen wohl.

Ein besonderes Augenmerk sollten Sie auf die sommerblühenden Zwiebeln- und Knollenpflanzen legen. Montbretien *(Crocosmia)*, Lilien *(Lilium-Arten)*, einige sommerblühende Zier-Lauch-Arten, Steppenkerzen *(Eremurus)*, Dahlien und Blumenrohr *(Canna)* passen hervorragend in sommerliche und spätsommerliche Beete. Besonders die einfach blühenden Dahlien *(Simplex*-Dahlien) und die Päonienblütigen Dahlien fügen sich unkompliziert, aber wirkungsvoll zwischen Stauden ein. Zum herbstlichen Saisonausklang erscheinen zu guter Letzt noch Herbstzeitlose *(Colchicum)*, Herbst-Alpenveilchen *(Cyclamen hederifolium)* und Herbst-Krokusse *(Crocus speciosus)* auf der Gartenbühne.

Zartes Erwachen

Zeitgleich erwachen Lenzrosen (*Helleborus orientalis*-Hybride) und weiße Narzissen aus ihrem Winterschlaf und bereichern schattige Bereiche unter Gehölzen.

Trendsetter
Aus modernen Staudenbeet ist er als beliebtes i-Tüpfelchen fast nicht mehr wegzudenken: der Zier-Lauch.

ZWIEBELN FÜR DAS GEWISSE ETWAS

Mit Zwiebel- und Knollenpflanzen bringen Sie zu jeder Jahreszeit reizvolle neue Aspekte ins Staudenbeet
Gute Mitspieler im Staudenbeet sind: Winterling *(Eranthis)*, Schneeglöckchen *(Galanthus)*, Tulpe, Narzisse, Zier-Lauch *(Allium)*, Montbretie *(Crocosmia)*, Dahlie, Lilie, Krokus, Präriekerze *(Camassia)*, Blumenrohr *(Canna)*, Schneeglanz *(Chionodoxa)*, Herbstzeitlose *(Colchicum)*, Steppenkerze *(Eremurus)*, Traubenhyazinthen *(Muscari)*, Blaustern *(Scilla)*

Pfingtsrosen im Garten | im Uhrzeigersinn
Paeonia lactiflora 'Circus Circus'
Paeonia obovata
Paeonia officinalis 'Anemoniflorae'
Paeonia lactiflora 'Emperor of India'
Paeonia lactiflora 'Daisy Coronet'

PÄONIEN

Pfingstrosen oder Päonien sind Stauden, Sträucher oder Halbsträucher und zählen zu den beliebtesten Gartenpflanzen überhaupt.

Pfingstrosen *(Paeonia)*, auch Päonien genannt, sind die einzige Pflanzengattung der Familie der Pfingstrosengewächse (*Paeoniaceae)*. Die Gattung umfasst 33 Arten. Die bekanntesten Sorten sind Stauden, also ausdauernde krautige Pflanzen; daneben gibt es auch verholzende Arten und Sorten, die meistens als Halbsträucher, seltener als Sträucher wachsen. Pfingstrosen, die man als Zierpflanzen in Parks und Gärten findet, sind fast immer Hybridsorten und keine reinen Arten.

KULTURFORMEN

Von zwei Arten aus dieser Gattung werden viele Sorten in Mitteleuropa sehr häufig kultiviert: Die Echte Pfingstrose *(Paeonia officinalis)* wird auch als Gemeine Pfingstrose oder Bauern-Pfingstrose bezeichnet, weil sie fester Bestandteil des traditionellen Bauerngartens ist. Als Zierpflanze für Parks und Gärten hat sie jedoch zunehmend Konkurrenz durch die Chinesische Pfingstrose *(Paeonia lactiflora)* erhalten, die im asiatischen Raum beheimatet und die auch in der westlichen Welt inzwischen mit zahlreichen Zuchtsorten erhältlich ist. Insgesamt wurden etwa 3.000 Sorten dieser Gattung gezüchtet. Strauch- oder Baum-Päonien werden nur in klimatisch begünstigten Regionen kultiviert. Strauch-Pfingstrosen werfen im Herbst ihre Blätter ab. Ihre verholzten Triebe verwelken im Gegensatz zu

PFINGTSROSEN PFLANZEN UND PFLEGEN

Pflanzung: Optimal ist ein humoser Boden an einem halbschattigen bis vollsonnigem Standort mit bis zu 30 % Ton bzw. Lehmanteil. Mit guter Gartenerde macht man in der Regel nichts falsch. Eine Zugabe von organischen Depotdüngern (Hornspäne, Rinderdung) ist wichtig. Staunässe unbedingt vermeiden! Abdecken mit Mulch nach dem Pflanzen fördert die Wurzelbildung.

Pflege: Wichtig ist ausreichende Versorgung mit Kalium und Phosphat (nie mehr Stickstoff als Phosphor!). Kräftige Düngung mit gut verrottetem Kuhdung im März vor und ca. Ende Mai nach der Blüte. Im September/Oktober nachdüngen. Kompost nur geben, wenn er sehr gut abgelagert ist.

denen der Stauden-Pfingstrosen nicht. Erst nach dem Zweiten Weltkrieg gelang es Züchtern, Strauch-Pfingstrosen und Stauden-Pfingstrosen erfolgreich zu kreuzen. Die ersten sechs Sorten dieser Kreuzungen wurden nach dem Züchter Itoh-Hybriden benannt, geläufiger ist inzwischen der Begriff Intersektionale Hybriden. Gemeinsames Merkmal dieser Sorten ist das Laub und die Blüten (besonders die gelbe Farbe) der Strauch-Pfingstrosen, verbunden mit dem jährlichen Neuaustrieb krautiger Triebe, typisch für eine Staude.

Pfingstrose

Verhaucht sein stärkstes Düften
Hat rings der bunte Flor,
Und leiser in den Lüften
Erschallt der Vögel Chor.

Des Frühlings reichstes Prangen
Fast ist es schon verblüht –
Die zeitig aufgegangen,
Die Rosen sind verblüht.

Doch leuchtend will entfalten
Päonie ihre Pracht,
Von hehren Pfingstgewalten
Im tiefsten angefacht.

Gleich einer späten Liebe,
Die lang in sich geruht,
Bricht sie mit mächtgem Triebe
Jetzt aus in Purpurglut.

Ferdinand von Saar (1833–1906)

K

KARL FOERSTER

Prof. Dr. h.c. Karl Foerster mit seiner Frau Eva. Staudengärtner, Staudenzüchter und Gartenpoet aus Bornim/Potsdam.

»Und wenn ich nochmals auf die Welt komme, werde ich wieder Gärtner und dann wieder, denn ein Leben währt viel zu kurz, um die Staudenwelt zu begreifen.«

Der Garten als Kunstwerk

In seinem berühmten Senkgarten erschuf Karl Foerster rund um das große Wasserbecken eine wunderbare blühende Landschaft.

Sehenswert

Das Wohnhaus der Familie Foerster ist im zeittypischen Landhausarchitektur gestaltet.

KARL FOERSTER

Vordenker moderner Gärten, Züchter, Schriftsteller – der »Gärtner der Nation«

Karl Foerster wurde am 9. März 1874 als Sohn des Astronomen Wilhelm Foerster und der Malerin Ina Foerster geboren. Nach einer Gärtnerlehre und Gehilfenjahren begann er 1903 mit dem Aufbau seiner ersten Gärtnerei am Wohnhaus seiner Eltern in Berlin-Westend. 1910 zog die Gärtnerei nach Bornim bei Potsdam um, wo sie sich auch heute noch befindet. Zeitgleich entstanden Wohnhaus und der private Garten, der ihm als Schau- und Versuchsgarten diente und den Besuchern seiner Gärtnerei als lebendiger Verkaufskatalog präsentiert wurde. Der Senkgarten, ein 45 × 25 Meter großes, symmetrisch angelegtes Areal, bildet das Herzstück der Anlage und wurde von Foerster künstlerisch sehr aufwendig gestaltet. Als Vorbild dienten ihm hierbei die englischen „sunken gardens". Der Einfluss, der von diesem Ort zu Beginn des 20. Jahrhunderts ausging, ist beachtlich und führte dazu, dass Bornim zum Mekka der neuen Gartenbewegung wurde. Vom Gartenparadies in Potsdam aus trugen die sogenannten „Foersterianer" seine Ideen in die Welt, darunter Ernst Pagels, Heinz Hagemann, Richard Hansen, Herman Mattern, Herta Hammerbacher, Walther Funke, Alfred Reich und Gottfried Kühn. Sein Einfluss auf die Garten- und Landschaftsgestaltung erstreckte sich bis in die Vereinigten Staaten von Amerika.

Foersters unermüdlicher Züchtungsarbeit verdanken wir heute Hunderte empfehlenswerten Staudensorten, die durch Standfestigkeit und Witterungshärte auffallen. Es seien hier nur die Rittersporn-Sorten 'Berghimmel', 'Ouvertüre' und 'Finsterahorn' sowie die Phlox-Sorten 'Düsterlohe' und 'Dorffreude' erwähnt. Des Weiteren finden wir in den Gattungen *Aster, Chrysanthemum, Helenium* und *Campanula* ebenfalls viele wunderbare Foerster-Sorten. Mit besonderer Hingabe kümmerte sich der Staudenzüchter auch um Gräser und Farne, die er erstmals »gartenfähig« machte und in die damalige Gartenkultur einführte.

Und nicht zuletzt machte sich Karl Foerster als Schriftsteller verdient. Noch heute werden seine zahlreichen Bücher, zum Beispiel »Blauer Schatz der Gärten« oder »Ferien vom Ach« immer wieder neu aufgelegt. Karl Foerster ist die Stauden-Ikone des letzten Jahrhunderts. Er starb im Alter von 96 Jahren am 27. November 1970, nachdem er in den Jahren zuvor die Ehrendoktorwürde der Humboldt-Universität erhielt und die Ernennung zum Professor erleben durfte. Sein Vermächtnis lebt in seinem weltbekannten Senkgarten, seinen Büchern und Schriften, seinen Staudensorten und auch in der Karl-Foerster-Staudensammlung auf der Freundschaftsinsel in Potsdam weiter.

Das Ensemble aus Wohnhaus und Garten des renommierten Staudenzüchters stellt ein einzigartiges Ensemble in Deutschland dar. Die Verantwortung für den Erhalt des Anwesens übernahmen nach dem Tod Foersters seine Ehefrau Eva (1902–1996) sowie seine Tochter Marianne (1931–2010). Bereits seit den 1960er Jahren wurde die Familie dabei von der Stadt Potsdam unterstützt, ab 2001 auch durch die Deutsche Stiftung Denkmalschutz, welche eigens dafür eine Treuhandstiftung durch den Berliner Kaufmann Wolfgang Behr errichten ließ. Um die dauerhafte Bewahrung des Kulturdenkmals sicherzustellen, vermachte Marianne Foerster im Jahr 2010 Haus und Garten der treuhänderischen Marianne-Foerster-Stiftung unter dem Dach der Deutschen Stiftung Denkmalschutz.

»Gute Lilienzwiebeln erkennen Sie an den festen (nicht weichen) Zwiebelschuppen. Zwiebeln, die angefault sind, schon ausgetrieben oder verfaulte Wurzeln haben, sollten Sie nicht kaufen. Die Zwiebelgröße spielt keine so große Rolle, da sie je nach Sorte variiert.«

LILIEN

Lilien zählen zu den ältesten Kulturpflanzen und sind als Garten-, Heil- und Gemüsepflanze bei vielen Kulturen verbreitet.

Lilien *(Lilium)* bilden eine Gattung der Familie der Liliengewächse *(Liliaceae)* innerhalb der einkeimblättrigen Pflanzen und umfasst etwa 120 Arten. Das Hauptverbreitungsgebiet liegt in Asien (ca. 70 Arten) und im nördlichen Amerika (ca. 30 Arten), es gibt aber auch in Europa und Kleinasien etliche heimische Arten.

Der Schönheit der Lilienblüte ist es zu verdanken, dass sie zu den ältesten Zierpflanzen überhaupt gehört und in vielen Ländern ein kulturelles Symbol. So gilt beispielsweise die weiße Madonnen-Lilie *(Lilium candidum)* seit der Antike als Symbol der Reinheit und Schönheit, aber auch des Todes.

In Asien finden Lilien bis heute auch Verwendung als Lebensmittel, seltener werden sie auch als Heilpflanzen verwendet.

Lilienpracht | im Uhrzeigersinn
Königs-Lilie *(Lilium regale)*
Lilium 'Tiber'
Lilium 'Black Beauty'
Lilium Martagon-Hybride 'Habibi'

LILIEN IM GARTEN

In der Natur wachsen Lilien meist in waldigen oder waldnahen Regionen und bevorzugen feuchte, aber durchlässige (nicht staunasse) Böden und einen eher kühlen Standort im lichten Schatten. Im Garten heißt das: Die Wurzeln im Schatten, die Blüten in der Sonne. Im Halbschatten kommt die Blütenfarbe noch besser zur Geltung.

Ein nährstoffreicher, frischer, nicht zu saurer und nicht zu kalkhaltiger Gartenboden ist ideal.

Gepflanzt werden Lilienzwiebeln von September bis März. Eine Ausnahme bildet die Madonnen-Lilie, die ab Ende August bis Ende September in den Boden kommt. Sie wird etwa 2–5 cm tief, alle anderen etwa 15–20 cm tief gesetzt. Eine Dränageschicht unter der Zwiebel aus groben Kies schützt vor Fäulnis bei Nässe. Das Pflanzloch wird mit einem Gemisch aus Sand, Gartenerde und Kompost aufgefüllt.

Damit die ganze Kraft der Pflanze in die Zwiebel gelangt, werden welke Blüten entfernt, damit keine Samen angesetzt werden. Der Stängel wird im Herbst, wenn er eingetrocknet ist, zurückgeschnitten.

Lilien sind für eine mäßige Düngung mit Volldünger im späten Winter, vor dem Austrieb im Frühling, dankbar. Diese sollte aber nicht zu stickstofflastig sein.

LILIEN IN TÖPFEN UND KÜBELN

Mit ein bisschen Pflege und Aufwand lassen sich Lilien auch im Topf ziehen. Topf oder Pflanzgefäß sollte dabei mindestens 15 cm, besser 20 cm Durchmesser haben und mindestens 20 cm tief sein. Eine gute Dränage ist wichtig. Als Substrat ist eine gut gedüngte Beet- und Balkonblumenerde ideal. Lilien in Töpfen müssen regelmäßig gegossen werden. Im Winter wird der Topf bündig mit der Erdoberfläche eingegraben, ein Schutz vor Nässe ist wichtig. Im zeitigen Frühjahr werden die Zwiebeln ausgetopft, grob gereinigt und in frische Erde neu eingepflanzt.

Für den Spätsommer
Im Lebensbereich Beet fühlt sich der Sonnenhut *(Rudbeckia)* wohl. Hier passend begleitet von Monarden und Johanniskraut.

DIE LEBENSBEREICHE

Jede Staude hat unterschiedliche Ansprüche und fühlt sich erst wohl, wenn sie in einem passenden Lebensbereich verwendet wird.

Stauden kommen in der Natur fast überall vor – sei es auf kargen Felshängen oder in feuchten Wiesen. So ist es nachvollziehbar, dass eine Staude nur dort gut wächst, wo sie ihre natürlichen Lebensbedingungen wieder findet – eine Pflanze, die in der Natur am Wasserrand vorkommt, fühlt sich eben in einer trockenen Steppenlandschaft nicht wohl.

Deshalb sollten Sie vor dem Pflanzen stets die Standortbedingungen abschätzen und nur entsprechende Staudenarten verwenden. Eine Orientierung bei der Pflanzenverwendung bietet Ihnen die Einteilung der Stauden in verschiedene Lebensbereiche.

Es gibt die Lebensbereiche: Beet (B), Freifläche (Fr) mit den Unterteilungen in Freifläche mit trockenem Boden (Fr1), Freifläche mit trockenem bis frischem Boden (Fr2) und Freifläche mit frischem bis feuchten Boden (Fr3). Außerdem findet man auch Unterteilungen von Freiflächen mit Steppenheidencharakter (SH) und Freiflächen mit Heidecharakter (H). Schattenliebende Stauden findet man in den Lebensbereichen Gehölz (G) und Gehölzrand (GR). Wer eine Steingartenanlage plant, eine extensive Dachbegrünung baut oder eine Trockenmauer bestücken will, wählt Stauden der Lebensbereiche Felssteppen (FS), Felsmatten (M), Steinfugen (SF) oder Alpinum (A). In Teichanlagen kommen Stauden aus den Lebensbereichen Wasserrand (WR) und Wasser (W) zum Einsatz.

Diese übersichtliche Einteilung und die Zuordnungen vieler unserer Gartenstauden in diese Kategorien haben wir den bekannten Stauden-Experten Prof. Dr. Richard Hansen, Dipl.-Ing. Hermann Müssel, Prof. Josef Sieber und Friedrich Stahl zu verdanken.

Profis wie Hobbygärtner können sich an dieser Einteilung orientieren und so funktionierende Staudengesellschaften bilden, die pflegeleicht und langlebig sind. Aber natürlich gilt auch hier wieder: Die Zuordnung der Stauden zu den verschiedenen Lebensbereichen ist kein starres Gerüst, sondern kann durchaus aufgebrochen werden – Freiflächenstauden lassen sich zum Beispiel mit Bewohnern des Lebensbereichs Beet kombinieren.

BEETE MIT PRACHTSTAUDEN

Der Lebensbereich Beet ist die im Garten am häufigsten anzutreffende Pflanzsituation. In einem solchem Beet mit humosen, nährstoffreichen Boden und sonnigen bis halbschattigen Plätzen fühlen sich vor allem sogenannte Prachtstauden, die einen stattlichen Habitus oder attraktive Blüten zu bieten haben. Typische Leitstauden für diesen Lebensbereich sind Rittersporn

(Delphinium), Taglilien *(Hemerocallis),* große Sonnenblumen (zum Beispiel *Helianthus salicifolius*) oder Federmohn *(Macleya cordata).* Als passende Begleit- oder Füllstauden bieten sich Raublatt- oder Glattblatt-Astern *(Symphyotrichum novae-angliae, S. novae-belgii),* Sonnenhut *(Rudbeckia)* oder Pracht-Storchschnabel *(Geranium × magnificum)* an. Als sinnvolle sommerliche Ergänzung können Sie einige Einjährige wie Löwenmäulchen, Ringelblumen, Sonnenblumen, Kapuzinerkresse, das kurzlebige Eisenkraut *(Verbena bonariensis)* oder die Jungfer im Grünen *(Nigella damascena)* ins Prachtstaudenbeet einfügen. In Bauern- oder Cottage-Gärten findet man häufig solche gemischte Blumenbeete.

Mit eingestreuten Zwiebel- oder Knollenpflanzen, zum Beispiel Tulpen oder Hyazinthen, peppen Sie Ihr Prachtstaudenbeet im Frühjahr noch zusätzlich auf.

UNTERSCHIEDLICHE FREIFLÄCHEN

Als Freiflächen werden offene, sonnige, freie Fläche bezeichnet, auf denen Stauden ungeschützt Wind und den schwankenden Temperaturverhältnissen ausgesetzt sind. Die Bodenverhältnissen können auf Freiflächen sehr unterschiedlich sein: Auf trockenen, nährstoffärmeren Böden (Fr1), zum Beispiel in Hanglagen, kommen sonnenliebende Stauden mit silbergrauen Laub, mit sukkulenten Blättern oder mit sehr kleinen Blättern gut zurecht. Dazu gehören Königskerzen *(Verbascum),* Palmlilie *(Yucca),* Katzenminze *(Nepeta),* Mädchenauge *(Coreopsis verticillata)* oder niedrige *Sedum*-Arten. Beete mit diesem Stauden tragen einen mediterranen Charakter und können mit den violetten Blütenbällen des Zier-Lauchs *(Allium giganteum)* noch einen schönen Zusatzaspekt erhalten. Dagegen brauchen Schleierkraut *(Gypsophila),* Nachtkerzen *(Oenothera tetragona),* Prachtscharte *(Liatris)* und Perlkörbchen *(Anaphalis triplinervis)* einen mäßig trockenen bis frischen Boden (Fr2). Etliche Stauden dieses Lebensbereichs könnten Sie auch in Felssteppen oder Steinanlagen verwenden.

Für feuchten Böden (Fr3) wählen Sie Stauden wie Wasserdost *(Eupatorium purpureum)* oder Mädesüß *(Filipendula rubra).*

Auch zum Lebensbereich Freifläche, aber komplett andere Bedingungen bieten die Lebensbereiche Heide (H) und Steppen-Heide (SH). In Beeten mit Steppen-Heide-Charakter findet man trockenen kalkhaltigen Boden. Heidelandschaften mit Heide-Nelken *(Dianthus deltoides),* Wolligem Katzenpfötchen *(Antennaria)* und Schwingel-Arten *(Festuca*-Gräser) benötigen auch trockenen, aber sauren Boden.

Gut geschützt | oben links
Der Lebensbereich Gehölzrand wird mit buntblättrigen Funkien *(Hosta)* und dem großblättrigen Tafelblatt *(Darmera peltata)* zum attraktiven Pflanzung.

Liebliche Staudenlandschaft | rechts
Große, sonnige Freiflächen lieben Steppen-Salbei, Gräser und hohe Doldenblütler.

IM SCHUTZ VON GEHÖLZEN

Im lichten Schatten unter Bäumen und Sträuchern, auf humosen, frischen Böden fühlen sich viele Waldstauden, zum Beispiel Waldmeister *(Galium odoratum)* oder Schaumblüte *(Tiarella)* wohl. Außerdem können Sie zusätzlich imposante beetstaudenähnliche Arten wie Herbst-Anemonen oder Silberkerzen *(Cimicifuga)* verwenden. Wie bei jedem anderen Lebensbereich, mit Ausnahme der Lebensbereiche Wasser und Wasser-

Blühender Rahmen | oben

Stauden aus den Lebensbereichen der feuchten Freifläche, des Gehölz- und des Wasserrands schmücken den Ufersaum eines Gartenteichs, hier Funkien, Greiskraut *(Ligularia)* und Etagen-Primeln *(Primula)*.

Von wegen langweilig | links

Trockenmauern sind nicht nur eine attraktive Möglichkeit, einen Garten am Hang zu terrassieren. Sie bieten mit den in den Fugen wachsenden Stauden – hier eine Hauswurz *(Sempervivum)* auch Lebensraum für viele Tiere.

rand, können Sie auch hier die noch genauere Einteilung des Lebensbereichs an den Kennziffern 1 bis 3 (1= trocken, 2= frisch, 3= feucht) ablesen. Ein schattiger Platz unter Gehölzen mit feuchtem Boden erhält zum Beispiel das Kürzel G_3.

Ein weiterer von Bäumen und Sträuchern geschützter Lebensbereich ist der Gehölzrand. Hier gedeihen Stauden, die humosen Boden lieben, wie Akelei, Funkie *(Hosta)*, Lungenkraut *(Pulmonaria)* oder Eisenhut *(Aconitum)*. Achten Sie bei der Pflanzenauswahl darauf, dass es Stauden für den sonnig-warmen Gehölzrand (GR so) oder für den halbschattig/schattig-kühlen Gehölzrand (Gr hs-s) gibt.

KARGE STEINANLAGEN

In dem Lebensbereich der Steinanlagen versammeln sich Stauden, die wirklich hart im Nehmen sind und zum Teil mit einem Minimum an Wasser und Nährstoffen auskommen können und müssen. Der Bereich der Felssteppe bietet wasserdurchlässigen Boden, der mit Kies und Felsbrocken durchsetzt ist. Solche Bedingungen findet man zum Beispiel in der extensiven Dachbegrünung. Dankbare Dachbewohner sind zum Beispiel Perlgras *(Melica)*, Mauerpfeffer *(Sedum acre, S. sexangulare)* oder Kartäuser-Nelke *(Dianthus carthusianorum)*. Für die Bepflanzung von Trockenmauern können Sie Stauden der Lebensbereiche Felsmatten und Steinfugen verwenden: Blaukissen *(Aubrieta)*, Schleifenblume *(Iberis)* und Polster-Phlox *(Phlox subulata)* bilden schöne überhängende Polster. Hauswurz *(Sempervivum)* und Steinbrech *(Saxifraga)* schmücken die Mauerkrone. Und für die Fugen verwenden Sie Gänsekresse *(Arabis)* oder Gelben Lerchensporn *(Corydalis lutea)*. Wer ein naturgetreues Alpinum bestücken möchte, wählt Stauden wie Grauer Storchschnabel *(Geranium cinereum)* oder Edelweiß *(Leontopodium)*, die meist anspruchsvoll und nicht sehr konkurrenzstark sind.

TEICHLANDSCHAFTEN

Passende Stauden für Gartenteiche oder Bachläufe werden in die Lebensbereichen Wasserrand und Wasser eingeteilt. Der Wasserrand wird in einen feuchten bis nassen Wasserrand (WR_1) und einen dauernassen Bereich (WR_2) unterteilt. Dauerhafte nasse Füsse vertragen zum Beispiel Sumpf-Calla *(Calla palustris)* und Rohrkolben *(Thypha)*. In der Übergangszone zwischen nass und feucht fühlen sich Blut-Weiderich *(Lythrum salicaria)* und Sumpf-Schwertlilie *(Iris pseudacorus)* wohl.

Geht es dann tiefer in die Wasserwelt hinein, unterscheidet man zusätzlich weitere Wasserpflanzengruppen: Pflanzen, die im Boden wurzeln, aber ihre Triebe und Blätter über dem Wasser zeigen, gehören zu den Flachwasserpflanzen und somit zum Bereich W_1 wie der Froschlöffel *(Alisma plantago-aquatica)*. Schwimmpflanzen wurzeln auch im Boden, lassen ihre Blätter aber auf dem Wasser aufliegen. Zu diesen W_2-Pflanzen zählen zum Beispiel Seerosen *(Nymphaea)*. Unterwasserpflanzen, die im Boden wurzeln, aber deren Blätter sich unter der Wasseroberfläche befinden, gehören in die Gruppe W_3, zum Beispiel Hornblatt *(Ceratophyllum demersum)*. Völlig frei schwimmende Wasserpflanzen wie die Krebsschere *(Stratiodes aloides)*, die nicht fest verwurzelt sind, fasst man in der Gruppe W_4 zusammen.

E

ERNST PAGELS

Züchter von Stauden- und Gräsersorten, in denen sich Wildartencharakter mit guten Gartenstaudeneigenschaften vereinen.

»Gärtnern ist kulturelle Tätigkeit ... Aus diesem Suchen und Finden, frei von allen materiellen Erwartungen, wurden neue Pflanzen erschaffen, die unser Herz erfreuen können, wenn wir uns der Schönheit und dem Wunder der Pflanzen öffnen.«

Verrückt nach Gras

Sowohl Foerster als auch Pagels liebten Ziergräser wie das Chinaschilf *(Miscanthus)*, das bis heute auf dem Gelände der ehemaligen Gärtnerei wächst.

Neue Klassiker

Stachys monnieri 'Hummelo', der Dichtblütige Ziest, ist eine der zahlreichen Auslesen vom Ernst Pagels, die bis heute nicht aus unseren Gärten wegzudenken sind.

N

ERNST PAGELS

»Ausleser«, Anthroposoph, Gärtner und legendärer Staudenmensch

Neben Georg Arends und Karl Foerster zählt Ernst Pagels (1913–2007) zu den bedeutendsten Staudenzüchtern der vergangenen 100 Jahre.

Von 1937 bis 1939 war er als junger Gärtner in der Staudengärtnerei Karl Foersters tätig, wo er sich mit den Vorstellungen des Staudenzüchters von modernen Gartenstauden vertraut machen konnte. Die Tätigkeit in Potsdam fand jedoch mit Ausbruch des Zweiten Weltkrieges ein vorzeitiges Ende. Nach seiner Entlassung aus englischer Gefangenschaft kehrte er Ende 1946 nach Leer zurück. In der Folgezeit widmete er sich gemäß den geltenden Vorschriften der Nachkriegszeit dem Gemüseanbau, bis er schließlich im Jahr 1949 die Genehmigung erhielt, eine Staudengärtnerei zu errichten. Die Entscheidung für die Selbstständigkeit wurde maßgeblich erleichtert durch zwei glückliche Umstände. Ein Faktor war das Zusammentreffen mit dem aus Leer stammenden Architekten Carl Börner, den er bereits aus der gemeinsamen Zeit bei Karl Foerster kannte. Nach dem Krieg kehrte Börner in seine Heimatstadt Leer zurück, wo er gemeinsam mit seinem Bruder Manfred ein renommiertes Architekturbüro betrieb. In der Folge wurde Pagels von deren Klienten mit der Anlage der Gärten beauftragt. Die Suche nach qualifiziertem Personal für die gartenarchitektonischen Arbeiten gestaltete sich jedoch als schwierig. In dieser Situation manifestierte sich ein weiterer glücklicher Umstand: Einer der fähigsten Mitarbeiter von Foerster war als Flüchtling in der Nähe von Leer gestrandet und konnte nicht in seine schlesische Heimat zurückzukehren. Pagels stellte ihn ein und arbeitete viele Jahre mit ihm zusammen.

Später widmete sich Pagels vermehrt der Gärtnerei und stand mit vielen internationalen Staudenexperten in fachlichem Austausch und in freundschaftlicher Verbindung, darunter Helen Gräfin von Zeppelin, Prof. Richard Hansen, Beth Chatto sowie Mien Ruys und Piet Oudolf. Wie wenige andere besaß er die Gabe, »besondere« Pflanzen in den Sämlingsbeeten und im Garten zu entdecken und zu selektieren. Nur ungern nannte er seine Arbeit mit Pflanzen »Züchtungen« – viel lieber war ihm das Wort »Auslese«. Der ostfriesische Züchter erschuf viele bedeutende neue Chinaschilf-Sorten *(Miscanthus)*, zum Beispiel 'Kleine Silberspinne', 'Malepartus', 'Ghana', 'Hermann Müssel' oder 'Pünktchen'. Aber auch andere Gattungen interessieren ihn. Er erweiterte das *Salvia nemorosa*-Sortiment um die Sorten 'Amethyst', 'Blauhügel', 'Ostfriesland' sowie 'Tänzerin' und selektierte weitere wie die *Sedum* 'Karfunkelstein', *Achillea* 'Feuerland', oder *Euphorbia* 'Goldener Turm'. Seine Stauden fanden Liebhaber auf der ganzen Welt, oft zunächst in Großbritannien und in den USA, erst später in Europa. Bei der Verbreitung war Pagels selbstlos. Von Sortenschutz und Pflanzenpatenten hielt der zurückhaltende Anthroposoph wenig. Seine Pflanzen sollten für alle verfügbar sein.

Die moderne Art der Staudenverwendung ist ohne Pagels-Sorten nicht denkbar. Heute sind noch rund 70 seiner Auslesen im Handel erhältlich. Als Anerkennung für seine Verdienste erhielt Ernst Pagels 1986 die Georg-Arends-Gedächtnismedaille, die höchste Auszeichnung des deutschen Gartenbaus. Auf dem ehemaligen Gelände der Staudengärtnerei in Leer entstand nach dem Tod Pagels in Jahre 2007 ein »Ernst-Pagels-Garten«, in dem Hunderte seiner Stauden- und Gräsersorten aufgepflanzt wurden. Außerdem widmet der »Park der Gärten« in Bad Zwischenahn dem berühmten Staudengärtner einen eigenen Themengarten.

Das Spiel mit Farben und Formen

GESTALTEN MIT STAUDEN

2

Die raffinierte Kombinationen von Blütenfarben, Blattfarben, Wuchsformen und Blattformen macht eine Staudenrabatte zu einem pflanzlichen Kunstwerk. Formen Sie Beete mit individuellem Charakter, die zu jeder Jahreszeit begeistern.

Stimmungsvoll
Die großen Blüten des roten Orientalischen Mohns *(Papaver orientale)* lassen sich auf eine Liaison mit filigraner Katzenminze *(Nepeta × faassenii)* ein.

LUST AUF FARBE

Erschaffen Sie mit Stauden eindrucksvolle Farbwelten und überraschen Sie den Betrachter mit harmonischen, extravaganten, temperamentvollen und stets spannungsreichen Kompositionen.

Farben beeinflussen unsere Gemütslagen. Sie stimmen uns fröhlich, romantisch, melancholisch und manchmal auch aggressiv. Das alles schaffen auch Stauden mit ihren Blüten- und Blattfarben, wenn diese je nach Absicht sinnvoll kombiniert werden.

Bevor wir nun tiefer in die Farbenlehre und die Farbgestaltung von Pflanzbeeten einsteigen, sei eine Sache vorweg bemerkt: Die Auswahl von Farben ist und bleibt ein Sache des persönlichen Geschmacks. Welche Farbe als ansprechend oder abstoßend empfunden wird, lässt sich nur subjektiv beantworten. Und trotzdem gibt es einige Grundlagen und viele Tipps, die es Ihnen einfacher machen können, Ihren Garten mit Farben zu gestalten.

DER FARBKREIS

Orientierung und Planungshilfe für die Farbverwendung bietet der Farbkreis (siehe Illustration). Die reinen Primärfarben Rot, Gelb und Blau bilden die Grundlage des Farbkreises, dazwischen liegen die aus Mischungen der Primärfarben untereinander entstehenden Sekundärfarben Orange (aus Gelb und Rot), Grün (Gelb und Blau) und Violett (aus Blau und Rot). Zu den warmen Farben gehören Orange, Rot und Gelb. Sie lassen Beete dynamisch, temperamentvoll und fröhlich erscheinen. Allerdings drängen sie sich optisch in den Vordergrund und lassen Gartenräume kleiner erscheinen – ungünstig in kleinen Gärten, günstig für (zu) große Gartenanlagen. Rein rote Beete können schnell düster wirken, besonders wenn gedeckte dunkle Rottöne verwendet wurden. Helle Rottöne, Orange und Gelb sind dagegen Signalfarben, die schon aus der Entfernung wahrgenommen werden.

Kalte und kühle Farben wie Blau, Grün und Violett haben dagegen eine dezente, beruhigende Wirkung. Blau gibt optische Weite, lässt Gartenräume großzügiger erscheinen, weil blaue Blüten weiter entfernt zu seien scheinen als sie eigentlich sind. So kann man Pflanzungen eine räumliche Tiefe geben.

Schwarz und Weiß sind die sogenannten »Nicht-Farben«. Weiß ist die Summer aller von uns Menschen wahrnehmbaren Farben und Schwarz absorbiert das Licht völlig. Im Staudenbeet spielt Weiß, genauso wie Grün, die Vermittlerrolle zwischen anderen Blütenfarben. Schwarz findet man recht selten in Staudenreich. Mit schwarzen (oft eher sehr dunkelroten) Blüten, zum Beispiel von der Stockrose 'Nigra' *(Alcea),* oder den dunklen Blättern des Schwarzen Schlangenbarts (*Ophiopogon planiscarpus* 'Nigrescens') können Sie in roten Rabatten Effekte setzen oder zusammen mit weiß blühenden Stauden Schwarz-Weiß-Kontraste erschaffen.

Grün, allgegenwärtig im Garten, wirkt beruhigend und gibt der Pflanzung halt. Grüne Ruhepole im Beete gönnen den Augen des Betrachters eine Pause und lassen kurz innehalten.

Blickpunkte
In einem schwungvollen Beet in Orange, Gelb und Violett sorgen weiße Fingerhutblüten und das silbrige Laub des Woll-Ziests für Lichtpunkte.

Der Farbkreis
Der Farbkreis ist eine unverzichtbare Orientierung und Planungshilfe bei der Anlage von Staudenbeeten.

TON-IN-TON

Eine Ton-in-Ton-Pflanzung besteht nur aus einer Farbe, die in verschiedenen Helligkeitsstufen und Farbintensitäten eingesetzt wird. Sie wirkt harmonisch und durchaus nicht langweilig, wenn man Stauden mit unterschiedlichen Blütenformen und Wuchshöhen kombiniert.

Eine gelbes Beet können Sie zum Beispiel mit Sonnenbraut (*Helenium* 'El Dorado' oder 'Kanaria'), Schafgarbe (*Achillea* 'Parker'), Scheinsonnenhut *(Rudbeckia fulgida),* der gigantischen Kandelaber-Königskerze *(Verbascum olympicum),* der kleineren Dunklen Königskerze *(Verbascum nigrum)* und den schwefelgelben Blüten der Mädchenauge-Sorte 'Moonbeam' (*Coreopsis Verticillata*-Hybride) füllen. Besonders pfiffig wirken monochrome Beete, wenn man Tupfer einer Kontrastfarbe einstreut. So könnte sich zum Beispiel eine rote Montbretie zwischen die gelben Stauden mischen.

Bei roten oder rosafarbenen Beeten gilt es, die Staudenarten und Sorten sehr sorgfältig auszuwählen und zu kombinieren. Die verschiedenen Nuancen von Rosa und Rot sollten sich nicht »beißen« – wie man umgangssprachlich so schön sagt! Bläuliches Rosa sieht zum Beispiel neben einem warmen Altrosa wirklich fürchterlich aus. Und ein gelbliches Rot verträgt sich keineswegs mit einem kalten, bläulichen Rotton.

Bekanntes Beispiel für gelungene Farbbeete ist der Garten von Haspen House in der englischen Grafschaft Somerset, der von Nori und Sandra Pope gestaltet wurde. Sie legten in dem ehemaligen Garten von Penelope Hobhouse fantastische einfarbige Beete an, in denen sich Gehölze, Einjährige und Stauden zu harmonischen Farbflächen verweben.

MIT FARBPAAREN GESTALTEN

Eine Farbe allein betrachtet hat eine bestimmte Wirkung, kombiniert man sie jedoch mit einer anderen Farbe, kann sich die Ausstrahlung verändern. Farb-Duos, sogenannte Zweiklänge, sind die kleinsten Bruchstücke in gelungenen Farbbeeten. Sie wirken am stärksten, wenn Farben zusammenstellt werden, die sich im Farbkreis gegenüberliegen. Das sind die Komplementärkontraste Gelb und Violett, Orange und Blau sowie Rot und Grün. Ruhigere, dezentere Paare stellen Sie mit Farben zusammen, die im Farbkreis nebeneinander liegen, wie Rot und Orange oder Blau und Violett. Aber die Staudenwelt bietet Blüten in unendlich vielen feinen Farbnuancen, mit denen Sie traumhafte Blütenpaare bilden können. Ihrer Fantasie sind keine Grenzen gesetzt!

Edles Blau

Dass monochrome Pflanzungen keineswegs langweilig sind, beweist dieses Staudenborder mit Ritterspornen, Rosen, Brandkraut, Woll-Ziest und Weinrauten.

FARBEN IM LICHT

Kräftige Farben wie Knallgelb, Pink, Orange oder Rot sollten eher in sonnigen Beeten verwendet werden, denn im Schatten würden sie ihre Leuchtkraft verlieren. Rot ist zum Beispiel die Farbe, die am schnellstens bei Lichtmangel »verschwindet«. In schattigen Bereichen oder in Beeten, die vornehmlich in der Dämmerung ihre Wirkung zeigen sollen, sollten Sie helle Farben, wie Rosa, Hellbau, Hellviolett, Zitronengelb und natürlich Weiß verteilen. Sie bringen Lichtreflexe in die dunklen Ecken des Gartens – auch noch in den Abendstunden.

UNGEWÖHNLICHE FARB-PAARUNGEN

Gelb mit Pink
Goldfelberich *(Lysimachia punctata)* mit Kronen-Lichtnelke *(Lychnis coronaria)*
Indianernessel (*Monarda*-Hybride 'Purple Ann') mit Goldrute *(Solidago)*

Violett und Rot
Steppen-Salbei *(Salvia nemorosa)* mit Brennender Liebe *(Lychnis chalcedonica)*
Violette Lupinen-Sorte *(Lupinus)* und rote Rosen

Pink und Orange
Blumen-Dost (*Origanum Laevigatum*-Hybride 'Hopley') und Schafgarbe (*Achillea Filipendulina*-Hybride 'Terracotta')
Roter Sonnenhut (*Echinacea purpurea* 'Rubinstern' oder 'Magnus') und Sonnenbraut (*Helenium*-Hybride 'Waltraut')

Vornehmes Ambiente | rechts

Durch viel Silbergrau wirkt dieses vielfarbige Beet mit Kronen-Lichtnelken *(Lychnis coronaria)*, Currykraut *(Helichrysum)*, Schafgarbe *(Achillea)*, Mädchenauge *(Coreopsis)*, Salbei und verschiedenen Gräsern trotzdem harmonisch.

Gräser unter sich | links unten

Rot und Braun ist der perfekte Farbenzweiklang für den Herbst.

ROMANTIK WILL ROSA

Paare aus lieblichen Farben wie Rosa, Flieder, Lavendel, Violett, Weiß und zarten Blautönen kommen besonders gut in Regionen zur Geltung, in denen das Licht oft gedämpft erscheint und der Himmel sich eher gräulich zeigt. Rosa als Inbegriff der Romantik entpuppt sich dabei als der beliebteste Farbpartner: Ein warmes Rosa passt zum Beispiel prima zu hellgelben Blüten. Am Gehölzrand können Sie Zwerg-Herzblume *(Dicentra formosa)* gemeinsam mit der zartgelben Goldnessel *(Lamiastrum galeobdolon)* verwenden. Im Spätsommer versteht sich die zitronengelbe Blüte der Stauden-Sonnenblume 'Lemon Queen' (*Helianthus-microcephalus*-Hybride) mit den hellrosafarbenen Prachtspieren 'Grete Püngel' (*Astilbe Arendsii*-Hybride) farblich gut. Trägt ein Rosaton mehr Blauanteil in sich, passt er gut zu violett-blauen Blüten. Staudenpaare mit einer kühleren, aber trotzdem romantischen Note ergeben sich zum Beispiel aus Wiesen-Salbei (*Salvia pratensis* 'Rose Rhapsody') und violett blühenden Steppen-Salbei-Sorten wie *Salvia nemorosa* 'Caradonna' oder 'Ostfriesland'.

HEMEROCALLIS

»Die Taglilie – die Blume des intelligenten Faulen«, sagte schon der bedeutende Staudenzüchter, Garten-Schriftsteller und Philosoph Karl Foerster (1874–1970).

Taglilien-Schaugarten in Ulm | unten
Im Taglilien-Schaugarten Ulm sind 15 Wildarten und 260 Sorten nach ihrem Einführungsjahr mit 1300 Begleitstauden aufgepflanzt.

Denn: Die Taglilie ist eine der pflegeärmsten Gartenpflanzen überhaupt. Mit ihrem grasähnlichen Laub unterdrückt sie jedes Unkraut, und sie hat so gut wie keine Schädlinge, nicht einmal Schnecken verschmähen sie. Als robuste Staude kann sie über Jahrzehnte am selben Platz stehen.

Zwar ist ihre Blütenform der der Lilie ähnlich, doch besitzt sie keine Zwiebel. Die Blüte der Taglilie öffnet sich morgens um etwa 8 Uhr und verblüht am Abend zwischen 20 und 24 Uhr, das heißt sie blüht nur einen Tag – daher ihr Name. Das ist zwar kurz, aber am nächsten Morgen erblüht schon die nächste in bezaubernder Frische, und dies an jedem Stängel, für die Dauer von drei bis vier Wochen. Je nach Sorte erstreckt sich ihre Blütezeit von Ende Mai bis manchmal zum ersten Frost, wobei die Hauptblüte im Juli liegt.

BESCHREIBUNG

Die Taglilie ist eine krautige Staude mit parallelnervigen Blättern und dickfleischigen Wurzeln. Das horstige Laub ist teils einziehend (dormant), teils immergrün oder halbimmergrün. Der Blütenstängel erreicht eine Höhe von 30 bis über 180 cm. Die zwittrige Blüte ist mit sechs Blütenblättern, sechs Staubblättern und einem länger hervorstehenden Stempel dreizählig, sporadisch können mehrzählige Einzelblüten auftreten.

Die Heimat der Taglilien sind die gemäßigten Gebiete von China, Japan, Korea und Ost-Sibirien. Von hier kommen rund 20 gelbe bis gelborange Arten und die rotbraune Bahnwärter-Taglilie *(H. fulva)* mit Varietäten ins Rote. Aus diesen zwei Farben wurde seit ca.

EMPFEHLENSWERTE TAGLILIEN-SORTEN

Einfarbige Taglilien	
fast Weiß	Arctic Lace, Arctic Snow, Heavenly Angel Ice, Last Snowflake, Light The Way, Serene Madonna, Spacecoast White Out, Victorian Lace, White Rose Memorial
Cremefarben	Berlin Creme Ball, Helle Berlinerin, Nehrungsstrand, Sahnebaum, Taos, Wiegen im Wind
Hellgelb	Augustfreude, Green Inferno, Große Zitrone, Jade Glow, Let Loose, Paul Weber, Peggy Jeffcoat
Gelb	Augusto Bianco, Berlin Tallboy, Betty Woods, Bill Norris, Condilla (gefüllt), Golden Chimes, Joel, Juris Honey Spider, Lemon Bells, Taunus Lemon Lace, Taunus Sun Present, The Jury's Out
Orange	Bass Gibson, Heavenly Orange Blaze, Higher and Fire, Howdy, Merinda, Pizza
Aprikot	Cantaloupe Cut, Newberry Borrowed Time, Ruffled Apricot, Serena Sunburst
Rot	Betty Ford, Fiesta Cubana, Little Zinger, Maria Callas, Paradiesvogel (Rot mit Gelb), Red Grace, Stoplight
Braun	Pfennigparade, Rajah
Dunkelrot	Arrivederci Roma, Carmina Burana, Duke of Gascone, Haller Marabuk, Little Janko
Purpurn	Barbary Corsair, Bela Lugosi, Cameroon Night, Du Schwarzer Zigeuner, Mascara Snake, Midnight Mantis, Steffi Bärenß
Lavendelfarben	Dancing Summerbird, Lilting Lavender, Pewter Lake, Skinwalker
Pink und Rosa	Absolute Treasure, Angelic Messenger, Barbara Mitchell, Broken Silence, Elizabeth Salter, Spacecoast Ruffles, Spacecoast Tiny Perfection, Uerdinger Charme
Wildcharakter	*Hemerocallis minor* (Wildart), Corky, From China with Love, Trompetenkonzert
Geäugte Taglilien	
Cremefarben	Canadian Border Patrol, Islesworth, Just Fabulous, Moonlit Masquerade, Siloam Ury Winniford, Taunus Skyline, Ursula Heuss
Hellgelb	Augenfreude, Custard Candy, Mount Helena (gefüllt)
Gelb	Awesome Candy, El Desperado, Fooled Me, Free Wheelin, Ines Unverricht, Marked by Lydia, Träumerei
Orange	All American Windmill, Andy Candy, Cybertrap, Real Wind
Lavendel	Always Afternoon, Linda Sierra, Little Fellow
Pink oder Rosa	Janice Brown, Rose of Avalanche, Schoene Vom Spreewald, Strawberry Candy, Taunusblick

1900 eine Fülle von Hybriden mit einer enormen Farbenvielfalt gezüchtet – Blau jedoch ausgenommen. Dazu kommen noch die zweifarbigen und die geäugten Blüten, Letztere teilweise mit Rändern in der Farbe des Auges. Der Blütenrand kann glatt, leicht gewellt, gerüscht bis schwülstig gerüscht sein, ja selbst mit einem glitzernden Goldrand oder mit Haifischzähnen versehen. Der Blütendurchmesser reicht von 5 bis 16 cm, bei spinnenartigen bis über 30 cm. Ebenso ist die einfache, gelegentlich aber auch gefüllte Blütenform sehr vielfältig: Von rund über sternförmig bis spinnenartig (Spider) und anderen ungewöhnlichen Formen, sogenannte Ufo (unusual form).

Ursprünglich ist der Chromosomensatz diploid. Durch Colchicin-Behandlung gelang es um 1950, tetraploide Züchtungen hervorzubringen, was zu größeren Blüten auf stärkeren, manchmal steif wirkenden Blütenstielen und zu einer besseren Substanz führte. Die systematische Züchtung setzte um 1900 in England, Italien und vor allem in den USA ein. Da Kreuzung und Anzucht einfach sind und der Sämling bereits nach einem, in Mitteleuropa nach zwei Jahren zur Blüte gelangt, kommen zu den zur Zeit rund 70 000 registrierten Sorten jährlich 2000 bis 3000 neue hinzu.

Sehr viele Sorten sind in Florida entstanden und deshalb nicht immer für unser mitteleuropäisches Klima geeignet. Selten liegt dies an einer fehlenden Frosthärte, vielmehr ist es enttäuschend, wenn eine neu erstandene Florida-Neuheit nach unseren oft kühlen Sommernächten nicht zuverlässig gut öffnet oder nicht die gewünschte Farbe entwickelt, was von europäischen Züchtungen eher erwartet werden kann.

Hemerocallis 'Angelic Messenger' (Abajian 2001)

Hemerocallis 'Awesome Candy' (Stamile 2000)

Hemerocallis 'Bass Gibson' (Rice 2006)

Hemerocallis 'Bill Norris' (Kirchhoff 1993)

Hemerocallis 'Dancing Summerbird' (King-L. 1997)

Hemerocallis 'Free Wheelin' (Stamile 2004)

Hemerocallis 'Haller Marabuk' (Erbler 2011)

Hemerocallis 'Heavenly Orange Blaze' (Gossard 2009)

Hemerocallis 'Just Fabulous' (Petit 2008)

Hemerocallis 'Paradiesvogel' (Reinermann 1995)

Hemerocallis 'Sahnebaum' (Tamberg 2001)

Hemerocallis 'Uerdinger Charme' (Kaiser 2008)

QUALITÄTSMERKMALE GUTER SORTEN

- Schönheit der Einzelblüte
- Gute Verzweigung: viele Blüten je Stängel
- Gutes Öffnungsverhalten, auch nach kühlen Nächten
- Die Blüten stehen gut über dem Laub
- Regenfestigkeit

HEMEROCALLIS IM GARTEN

Die Taglilie gehört zu den Prachtstauden. Als Standort eignet sich jeder kräftige Gartenboden von lehmig bis sandig und humos, von sauer bis alkalisch, in möglichst sonniger Lage. Notfalls wird Halbschatten noch akzeptiert. Düngergaben um die Horste bei Blattaustrieb und Wässern in der Wachstums- und besonders in der Blütezeit wirken sich günstig auf Wachstum und Blütengröße aus. Als Dünger wird Depotdünger, z. B. Osmocote (ggfs. zusätzlich Hornspäne und Wuxal) und/oder Kompost empfohlen. Kurz: Sonne ist Bedingung, Wasser und Dünger sind optimal.

In der Gartengestaltung ist die Taglilie in großen Horsten mit zehn und mehr Blütenstängeln besonders in Einzelstellung sehr eindrucksvoll, die Sorte kann aber auch drei- bis fünfmal wiederkehren, so dass das menschliche Auge sie zu einer Linie verbindet. Dagegen bietet es sich für den »Taglilien-Fan« aus Platzgründen an, von jeder Sorte nur ein Exemplar zu setzen.

Die Taglilie kann mit ihrem Blätterwerk bei guten Bedingungen innerhalb von fünf Jahren einen Durchmesser von 80 cm erreichen. Sie will nicht eingezwängt stehen; was jedoch kein Hinderungsgrund ist, die ein bis drei gepflanzten Fächer vorübergehend mit bodendeckenden Stauden wie zum Beispiel Storchschnabel zu unterpflanzen, die nach und nach – so als sei es Unkraut – entfernt werden. Pflanzzeit ist vom Blattaustrieb bis Ende September. Der Wurzelhals soll dabei mindestens 5 cm überdeckt sein.

Samenkapseln sollten rechtzeitig entfernt werden, um ungewollte Sämlinge rund um den Horst zu verhindern. Das Laub kann – je nach »Ordnungssinn« – im August oder später abgeschnitten oder aber als Schutz gegen Frost und zugunsten von Kleinlebewesen stehengelassen werden.

KÜBELKULTUR

Gut eingewachsene Kübel kommen relativ gut durch den Winter. Bei im Herbst getopften und besonders bei nasser Haltung und/oder schlechter Dränage, kann es leicht zu Ausfällen kommen.

PFLANZEN-EINKAUF

Grundsätzlich empfiehlt es sich, Taglilien in blühendem Zustand bei Sammlern, Züchtern und speziellen Staudengärtnereien auszusuchen. Katalogbilder täuschen leicht, und außerdem variiert die Blütenfarbe je nach Boden und Witterung.

VERMEHRUNG

Die sortenechte Vermehrung erfolgt vegetativ durch Teilen der Horste in einzelne Fächer. Abgegeben werden die Teilstücke in Töpfen oder als zurückgeschnittene Wurzelware.

BEGLEITSTAUDEN DER TAGLILIE

Bei der Auswahl der Begleitstauden empfiehlt es sich, diese in vier Schritten zusammenzustellen: Als Erstes wählt man Pflanzen, die die gleichen Bedingungen bevorzugen: Sonne und eine gute Wasser- und Düngerversorgung. Das zweite Kriterium ist die Blütenfarbe. Blaue Blüten passen besonders gut zu Taglilien: Ballonblume, Glockenblume, Rittersporn, Verbena bonariensis, Sibirische Iris, Kugeldistel, Skabiose, Clematis sowie Storch- und Reiherschnäbel.

Das Laub der Begleitstauden sollte kontrastieren: Pfingstrosen-Arten mit eher runden Blättern, sonnenverträgliche Funkien wie *Hosta plantaginea*, *Hosta* 'Sum and Substance' u. a., Lenzrosen und Bergenien. Feines Laub haben Mädchenauge, Astern, außerdem Gräser wie Reitgras, Rutenhirse oder Chinaschilf. Dunkle Blätter haben Purpurglöckchen, Aster 'Lady in Black' oder Hohe Fetthenne, silbriges Laub haben *Geranium renardii,* die Dreimasterblume 'Concord Grape', Kugeldistel und Witwenblume, weißbunte Blätter haben u. a. viele Gräser.

Vor den Taglilien blühen Osterglocken und andere Zwiebelblumen, Lenzrosen, Bergenien, Pfingstrosen, Sibirische Iris, Steppenkerze und Zier-Lauch. Zur selben Zeit stehen blaublütige Stauden wie Rittersporn, der Eisenhut 'Spark', Ballon- und Glockenblume in Blüte, außerdem Hohe Phloxe, Indianernessel, Feinstrahlastern und Lilien. Nach den Taglilien kommen noch Sonnenhut und Roter Sonnenhut, Herbst-Eisenhut, Herbst-Anemonen und alle Astern zur Blüte.

Komplementäre Komplimente
Gelbe Taglilien und rosablauner Storchschnabel verweben ihre zarten Blüten und sorgen für locker-natürliche Gartenbilder.

Schlicht, aber gut
Hier bilden hellgrüne Gehölze den Kontrast zu den violetten Blüten und bronzefarbenen Blättern der Stauden.

STARKE KONTRASTE

Wer es bei Farbgestaltung lieber etwas kraftvoller mag, greift auf die bereits angesprochenen Komplementärkontraste zurück. Das Komplementär-Paar Gelb und Violett spiegelt sich zum Beispiel in dem Duo Sonnenhut *(Rudbeckia fulgida)* mit Eisenkraut *(Verbena bonariensis)* oder Ehrenpreis *(Veronica)* mit Schafgarbe *(Achillea filipendulina)* wider. Aber nicht nur die Zusammenstellungen mit Komplementärfarben schaffen Eindruck, auch andere kontrastreiche Farb-Duos bringen Spannung ins Staudenbeet.

Wer könnte zum Beispiel dem Hell-Dunkel-Kontrast von Gelb und Blau widerstehen! Stellen Sie sich nur gelbe Blütenstars wie Stauden-Sonnenblumen *(Helianthus)* oder Sonnenauge *(Heliopsis)* mit Blaustrahlhafer *(Leymus arenarius)* vor, oder das Königsblau des Ochsenauges *(Anchusa)* in Kombination mit lichtgelben Nachtkerzen *(Oenothera tetragona)*. Fantastisch wirken auch Orange-Violett(blaue) Zusammenstellungen, zum Beispiel *Achillea* 'Terracotta' oder 'Walter Funcke' mit *Geranium* 'Sirak' oder 'Johnson's Blue' oder mit den violetten Steppen-Salbei-Blüten. Ein spannungsreiches Warm-Kalt-Gemisch erzeugen Sie mit Rot und Blau. Schauen Sie nur einmal ein Paar aus einer roten Pfingstrose *(Paeonia)*, zum Beispiel die Sorte 'Henry Bockstoce', und der Pfirsichblättrigen Glockenblume *(Campanula persicifolia)* an.

DEZENTE DUOS

In der Gestaltung von stimmungsvollen Staudenbeeten müssen Sie sich aber glücklicherweise nicht nur auf die kräftigen Farben beschränken, so schön Gelb, Pink, Orange, Blau und Violett auch wirken können. Die Staudenwelt bietet noch eine Menge dezenter Farbnuancen und Kombinationsmöglichkeiten an. Sanfte Braun-, Bronze- oder Kupfertöne lassen sich

Eindrucksvoll

Orange und purpurviolette Dahlien, Diamant-Reitgras *(Calamagrostis brachytrycha)* und die beiden Astern (*Symphyotrichum novi-belgii* 'Schöne von Dietlikon' und *S. novae-angliae* 'Rudelsburg') bilden im Herbst ein wahres Feuerwerk im Staudengarten.

zum Beispiel wunderbar mit Rotschattierungen vereinen. Genießen Sie bei tiefstehender Herbstsonne die braunen Halme von Ziergräsern, die trockenen Samenstände von Rudbeckia oder Sonnenhut, wenn diese die traumhaften rotlaubigen Sorten der Hohen Fetthenne ('Karfunkelstein', 'Matrona' und 'Purple Emperor') begleiten. In sommerlichen Mixed Borders können Sie die Trend-Kombination Apricot und Dunkelrot ausprobieren, indem Sie dunkelrot blühende Sterndolden (*Astrantia major* 'Claret', 'Moulin Rouge oder 'Dark Shiny Eyes') als Kavaliere von apricotfarben blühenden Rosen einsetzen.

Haben Sie sich nun aus der Fülle der Möglichkeiten für ein Farb-Pärchen entschieden, sollte Sie für eine geschickte Verteilung im Beet noch Folgendes beachten: Verwenden Sie immer eine Farbe zu größeren Anteilen als die andere. Das wirkt harmonischer und die Farben konkurrieren nicht unnötig um die Gunst des Betrachters, sondern eine Farbe schmiegt sich unterwürfig an die andere Farbe an. Sie können sich an der Mengenverteilung von einem Drittel zu zwei Dritteln orientieren. Am besten verwendet man die dezentere, gedecktere Farbe zu größeren Anteilen und die leuchtendere Farbe weniger zahlreich. Letztendlich ist aber auch dies dem eigenen Geschmack überlassen.

FARBLICHE DREIKLÄNGE

Sowohl harmonische als auch spannungsreiche Kompositionen lassen sich aus verschiedenen Farben zusammenstellen. Es entstehen sogenannte Dreiklänge. Dabei passen Farben, die im Farbkreis durch ein gleichschenkeliges Dreieck verbunden werden können, gut zusammen und bilden ein kraftvolles Trio. Kombiniert man die Grundfarben Rot, Gelb und Blau, entsteht ein äußerst farbintensiver Eindruck. Ein Beetrezept für die Sommermonate könnte zum Beispiel aus gelber Schafgarbe *(Achillea),* blauvioletter Blauraute *(Salvia yangii* Syn. *Perovskia atriplicifolia)* und roten Montbretien (*Crocosmia* 'Red King' oder 'Lucifer') bestehen. Etwas lieblicher und farblich abgemildert zeigt sich ein zarter Dreiklang für den Frühling am Gehölzrand: hellgelbe Echte Schlüsselblume *(Primula veris),* rosa blühendes Duft-Veilchen (*Viola odorata* 'Coeur d'Alsace') mit blauen Blausternchen *(Scilla sibirica)* und Traubenhyazinthen *(Muscari).*

Ebenfalls eindrucksvoll präsentieren sich die Farben Grün, Orange und Violett als Kombinationspartner – im Staudenreich dargestellt durch ein Beet mit großblättriger Funkie *(Hosta),* orange blühender Taglilie (*Hemerocallis*-Hybride 'Aten', 'Burning Daylight', 'Thumbelina') und den zarten Blüten der Katzenminze (*Nepeta racemosa* 'Superba', 'Odeur Citron').

GUT FÜRS AUGE

Dreiklänge aus Farben, die im Farbkreis nebeneinander liegen, wirken harmonisch und schmeicheln unseren Augen. Deshalb funktioniert das temperamentvolle Trio mit Rot, Rotorange und Orange gut. Für eine »kühlere« Beetatmosphäre sorgt ein Ensemble in Blau, Blauviolett und Violett.

Wer anstatt der eben erwähnten Dreiklänge, die fast schon wie Ton-in-Ton-Komposition aussehen, spannendere Konstellationen präferiert, kann Dreiklänge wählen bei denen warme und kalte Farben gemischt werden. Violett, Rot(rosa) und Orange oder Gelb, Grün, Blau wäre Beispiele dafür. Lassen Sie sich zum Beispiel im Spätsommer von der traumhaften Kombination aus dunkelpurpurfarbenen Sommer-Phlox (*Phlox paniculata* 'Düsterlohe') orangefarbener Schafgarbe (*Achillea millefolium* 'Walter Funcke') und rosa blühendem Steppen-Salbei (*Salvia nemorosa* 'Rosakönigin') verzaubern.

ZWEI PLUS EINS

Wer gern zwei stark kontrastierende Farben im Staudenbeet verwenden möchte, kann den »harten« Übergang von einer Farbe zur anderen mit einer sanften Übergangsfarbe abmildern. So lässt sich zum Beispiel das aufgeweckte Farbpaar Gelb und Rot durch die Beigabe von Purpur beruhigen. Auch versteht sich Orange mit Blau besser, wenn ein wenig Violett mitspielen darf.

Mit den »Zauberfarben« Grün und Weiß können Sie ebenfalls starke Kontraste abmildern und diese Weichzeichner entweder als dritten Mitspieler für einen Farbendreiklang verwenden oder als zusätzliche Nebendarsteller zu einem »Dreier-Pakt« einsetzen.

KUNTERBUNT

Mit Farben zu experimentieren macht einfach Spaß. Warum dann nicht einmal eine kunterbunte Staudenmischung ausprobieren! Das funktioniert jedoch nur, wenn sich die Blütenformen und -größen in einem Beet geschickt miteinander mischen und sich größere Farbflächen mit kleinen Farbtupfern und luftigleichten Farbwölkchen abwechseln. Setzt man allerdings kräftige Farben in jeweils ähnlichen Blütenformen direkt nebeneinander, so zum Beispiel oft in reinen Edelrosenbeeten zu sehen, entsteht ein schrecklich unharmonischer Eindruck. Die Farben buhlen alle gleichzeitig und gleich stark um die Gunst des Betrachters. Arbeiten Sie in farbenfrohen Beeten lieber nach dem Wiesen-Prinzip: Filigrane Blütenstände sollen sich miteinander verweben und nur vereinzelt treten größere Farbtupfer hervor. Außerdem sollten immer »Übergangs-Farben« wie Apricot, Lavendel, Violett und auch Weiß, Silber, Braun und Grün zwischen den intensiven Farben Rot, Gelb, Orange und Blau vermitteln. Blattschmuckstauden wie Purpurglöckchen *(Heuchera)* oder Funkien *(Hosta),* Ziergräser, rotbraun blühende Stauden und die Silberlinge unter den Stauden, zum Beispiel die Elfenbeindistel *(Eryngium giganteum)* oder der hübsche Garten-Wermut (*Artemisia absinthium* 'Lambrook Mist') übernehmen diese Diplomatenrolle.

Ferner können Sie Farben mit großer Helligkeit wählen. Pastelltöne passen fast immer zusammen, weil die Farbübergänge nicht zu kontrastreich ausfallen wie bei ungemischten Vollfarben.

WEISS KANN ZAUBERN

Mit Weiß können Sie Lichtreflexe ins Beet bringen. Weiß lässt eine Pflanzung lebendig wirken, passt zu allen anderen Farben und kann Übergänge zwischen zwei Farben weicher erscheinen lassen.

Zarte Blütenwolken fürs Beet

- Schleierkraut *(Gypsophila)*
- Riesen-Schleierkraut (*Crambe cordifolia)*
- Katzenminze (*Nepeta racemosa* 'Snowflake')
- Myrten-Aster (*Aster ericoides* 'Schneegitter' oder 'Schneetanne')

Kräftige Tupfer fürs Beet

- Dahlie (*Dahlia* 'Swanlake', 'Anna-Karina', 'Miss Blanche')
- Margerite (*Leucanthemum Maximum*-Hybride)
- Roter Sonnenhut (*Echinacea* 'Alba')
- Strauß-Margerite *(Tanacetum corymbosum)*
- Spornblume (*Centranthus ruber* 'Albus')
- Wiesen-Ehrenpreis (*Veronica longifolia* 'Schneeriesin')

Für den weißen Beetrand

- Schleifenblume *(Iberis)*
- Karpaten-Glockenblumen (*Campanula carpatica* 'Weiße Clips')

Power-Paar | rechts
Mit dem violettblühenden Steppen-Salbei *(Salvia nemorosa)* und dem orangeblühenden Orientalischen Mohn *(Papaver orientale)* hat sich ein traumhaftes Farbpaar für sonnige Beete gefunden.

Sommerfeeling | links

Wer bekäme beim Anblick dieses Komplementärkontrasts aus Gelb und Violett keine gute Laune! Sonnenhut *(Rudbeckia)*, Eisenkraut *(Verbena bonariensis)* und Steppen-Salbei *(Salvia nemorosa)* sind die Zutaten für das Beetrezept.

A

ANJA MAUBACH

Anja Maubach hat 1998 die Leitung der Traditions-Staudengärtnerei Arends Maubach übernommen.

»Der Garten und auch Staudenbeete sollten ein Stück Persönlichkeit widerspiegeln. Jeder sollte ganz individuell entscheiden, ob er windumspielte Beete mag, einen Garten mit Dschungelfeeling haben möchte oder lieber ein traumhaftes Herbstbild mit Anemonen, Eisenhut, Astern und Ziergräsern malen möchte. Nicht der allgemeine Geschmack zählt – nur die eigenen Wünsche.«

Inspiration pur

Wind- und wettererprobte Stauden geben die Möglichkeit, Gartenvisionen wahr werden zu lassen.

FEUER & FLAMME

Mit ihrer leidenschaftlichen »Lust auf Garten« steckt Anja Maubach die Menschen an und gibt ihnen Ideen für ganz persönliche Gartenwelten

W

Wenn jemand Leidenschaft und Begeisterung für das Gärtnern vermitteln kann, dann ist es Anja Maubach. Sie ist die »Herzblut-Gärtnerin« schlechthin – ohne Arroganz und fachlichen Hochmut. Ihr Garten-Enthusiasmus ist ansteckend und vor allen Dingen ehrlich. Denn obwohl sie 1963 als Urenkelin des berühmten Staudenzüchters Georg Arends (1863–1952) in eine Gärtnerfamilie hineingeboren wurde und bereits ihre Kindheit in der Arends-Staudengärtnerei in Ronsdorf-Wuppertal verbrachte, bedeutet »Garten« für sie keine Familienpflicht, sondern Leidenschaft!

Nach einer Ausbildung zur Staudengärtnerin, einem Studium der Gartenarchitektur, eröffnet sie 1993 ihre Gartenschule »Anja Maubach«. Sie gibt Workshops und Seminare, organisiert Vorträge und macht die Gartenkultur in Deutschland ein Stück lebendiger. Anja Maubach übernimmt 1998 die Leitung der Gärtnerei, die zu den ältesten Gärtnereien Deutschlands zählt, und erhält 2007/08 eine Gastprofessur für Pflanzenverwendung an der Uni Hannover. Sie plant als Gartenarchitektin öffentliche Schauanlagen und private Gärten. Und immer liegen ihr die Menschen, die sich in einem Garten wohlfühlen sollen, am Herzen. »Ein Garten soll die Leute glücklich machen.« Anja Maubach will dafür Anregungen geben und gemeinsam mit Menschen Lösungen finden. In Pflanzbeeten ihrer Kunden inszeniert sie »Dramen, Opern, Lustspiele oder Krimis«. Gartentheater für ganz individuelle Gartenlösungen je nach Befindlichkeit der Besitzer.

Ihre Staudenbeete bestückt die Gartenplanerin mit künstlerischem Schwung und mathematischer Genauigkeit: »Wenn ich zum Beispiel eine Fläche von 20 Quadratmetern begrünen möchte, rechne ich mit 100 bis 120 Pflanzen. Ein Drittel davon sollen Ziergräser sein, zwei Drittel Stauden.« Dann werden sechs bis acht verschiedene Stauden ausgesucht, die passenden Ziergräser geschnappt und in Kisten zum noch leeren Pflanzbeet geschafft. Nun los geht's! Anja Maubach legt die Stauden immer selber im Beet aus, lässt sich dabei von der Umgebung direkt und spontan inspirieren. Sie malt ihre Beete wie zarte Aquarelle – Farbstrich neben Farbstrich. Gern pflanzt sie Stauden in Driften mit 12, 9, 6 oder 3 Pflanzen. »Ich liebe das Dutzend!«, gibt sie zu.

Anja Maubach hilft den Menschen, deren »grüne Wünsche« zu artikulieren und umzusetzen. Dabei nimmt sie ihre eigenen Vorlieben total zurück, sodass selbst die Antwort auf Frage nach ihren eigenen Lieblingsstauden schwerfällt. »Die Leute sollen die Stauden pflanzen, die sie glücklich machen!« Aber was macht Anja Maubach glücklich? Schließlich doch die Antwort: »Katzenminze, limonengelbe Euphorbien, Astilben, Silberkerzen, Storchschnabel, *Aster divaricatus* und dazu Vagabunden wie *Gaura* und Verbenen gehören oft in mein Staudengepäck, weil man sich auf sie verlassen kann.«

Farbvielfalt auch ohne Blüten

Wolfsmilch *(Euphorbia),* Italienischer Aronstab (*Arum italicum* 'Marmoratum'), Lenzrosen (*Helleborus orientalis*-Hybriden) und Elfenblumen *(Epimedium)* sorgen im Schattenbeet für Abwechslung.

BLÄTTER IM BLICKPUNKT

Das attraktive Blätterkleid vieler Stauden sorgt im Pflanzbeet für ganz besondere Farbaspekte. Rund ums Jahr bieten sich faszinierende Farbdetails.

Natürlich sind die Blüten vieler Stauden der Grund, warum sie so gern in unseren Gärten gepflanzt werden. Fast wichtiger, weil meist dauerhafter, ist jedoch das Blattwerk der Pflanzen. Jede Jahreszeit vermag mit unterschiedlichen Farbaspekten zu bezaubern: das Frühjahr mit zarten Austriebfarben, der Sommer mit üppigen Blattschmuckstauden, der Herbst mit traumhaftem Herbstlaub und filigranem Gräserzauber sowie der Winter mit immergrünen Schönheiten.

DER JAHRESANFANG

Wer seine Staudenbeete schon im Frühjahr attraktiv gestalten möchte, sollte auf Stauden mit interessanten Austriebsfarben nicht verzichten. Wie wunderbar, wenn sich die zarten Blätter von Prachtspieren, Funkien, Wolfsmilch, Elfenblumen, Frauenmantel und Hohen Fetthennen zwischen Narzissen, Blausternchen und anderen Zwiebelblumen emporstrecken. Das Farbspektrum der noch jungen Blättchen und Triebe ist dabei überwältigend groß. Graugrün, Bronze, Gelb, Braunrot, Goldbraun, Purpur und Violett sind nur einige Beispiel für Frühlingsblätterfarben. Zum Appetitholen seien hier nur ein paar Frühlingskünstler genannt. Dabei gilt es zu beachten, dass manchmal nur bestimmte Sorten diese Frühlingskolorierung aufweisen – also beim Kauf auf die richtige Sortenwahl achten!

In Graugrün schmücken sich die dicken Blattkügelchen der Hohen Fetthenne (Sedum), wenn sie nach dem Winter wieder austreiben. Nicht so kühl, sondern in einem grünlichen Gelb beziehungsweise kräftigem Gelb erscheinen einige Storchschnabel-Sorten (*Geranium* 'Blue Sunrise', 'Anne Thomson') und das Goldflattergras *(Milium effusum).* Einen edlen Bronzeton bringen die Prachtspieren 'Grete Püngel' und 'Obergärtner Jürgens' (*Astilbe Arendsii*-Hybriden) und die Elfenblume 'Lilafee' (*Epimedium grandiflorum)* in die Beetgestaltung. Sanftes Rotbraun können die Geißbart-Sorte 'Horatio' (*Aruncus aethusifolius*-Hybride) von Ernst Pagels, die bereits 1915 von Georg Arends gezüchtete Purpur-Greiskraut-Sorte 'Othello' *(Ligularia dentata),* viele Lenzrosen-Sorten (*Helleborus orientalis*-Hybriden) und etliche Pfingstrosen (*Paeonia),* wie 'Svarte Petter', in den Frühlingsgarten einbringen. Wer schon im Frühjahr ein kräftiges Rot ertragen kann, wählt die neue Sonnenauge-Sorte 'Summer Nights' *(Heliopsis)* oder die in England ausgesprochen beliebte Nachtkerze 'Erica Robin' *(Oenothera tetragona).*

Dezenter Anfang | oben

Die ersten Blättchen von Pfingstrosen setzen rotbraune Farbelemente im Frühjahrsbeet.

Naturschauspiel | links

In den unterschiedlichsten Farbtönen erblicken die kräftigen Triebspitzen der Funkien im Frühjahr das Licht der Welt.

MUSTER MIX

Stauden mit panaschierten Blättern setzen spektakuläre Akzente im Beet. Die hellen Flecken, Streifen, Punkte oder Ränder stellen im Grunde Chlorophyll-Defekte dar. Das Grün fehlt! Besonders in schattigeren Bereichen zaubern die gemusterten Blätter wertvolle Lichtpunkte.

Wunderschöne Musterblätter tragen

- Funkien (*Hosta* in Sorten)
- Taubnessel-Sorten *(Lamium maculatum)*
- Goldnessel-Sorten *(Lamiastrum)*
- Geflecktes Lungenkraut *(Pulmonaria saccharata)*
- Kaukasusvergissmeinnicht (*Brunnera macrophylla* 'Jack Frost', 'Variegata')
- Weißbunter Goldfelberich (*Lysimachia punctata* 'Alexander')
- Zitronen-Melisse 'Variegata' *(Melissa)*
- Palmlilie (*Yucca* 'Variegata') *Hakonechloa* 'Albovariegata' und 'Aureola'
- Segge (*Carex* 'Evergold')

BLATTSCHMUCKSTÜCKE

Mit Blattschmuckstauden bringen Sie grüne Ruhepole ins Staudenbeet. Abgesehen von den verschiedenen Grünnuancen, die es sowieso im Staudenbeet zu entdecken gibt, können Sie mit Farben wie Rot, Braun oder Gelb bestimmte Farbabstimmungen unterstreichen. Des Weiteren ist Silbergrau als Weichzeichner im Beet unersetzlich und Ziergräser sorgen für feine, diffuse Farbaspekte. Im Gegensatz dazu drängt sich bunt gemustertes, panaschiertes Laub vehementer ins Rampenlicht der Beetbühne.

Für sonnig-trockene Beete, in denen viele Blütenstauden graues Laub tragen, bietet sich die Verwendung von silberfarbigen Blattschmuckstauden an. Diese Schönheiten haben sich oft auch zum Schutz vor starker Sonneneinstrahlung behaart. Für sonnige Staudenbeete eignen sich u.a. Woll-Ziest (*Stachys byzantina* 'Big Ears', 'Silver Carpet') oder Walzen-Wolfsmilch *(Euphorbia myrsinites).* Letztere passt auch gut in Steingärten. Höhere »Silberblätter« wie verschiedene Wermut-Sorten (*Artemisia* 'Lambrook Mist' oder 'Silver Queen') oder der Silberblatt-Salbei *(Salvia argentea)* bringen edlen Glanz in pastellfarbene Staudenbeete oder spielen gern die galanten Begleiter von Rosen.

Im Gegensatz zu den graulaubigen Blattschmuckstauden sind gelb(grüne) Blätter etwas schwieriger in der Verwendung. Denn werden sie bezugslos ins Beet gesetzt, machen sie häufig einen etwas kränklichen und verlassenen Eindruck. Das sieht schon anders aus, wenn Sie Gelblinge wie *Oregano* 'Aureum', Gold-Anis-Ysop (*Agastache rugosa* 'Golden Jubilee'), *Hosta* 'August Moon' oder die Steife Gold-Segge (*Carex elata* 'Bowles Golden') in eine »gelbe Gartenecke« mit anderen gelb blühenden Stauden, zum Beispiel Taglilien *(Hemerocallis)* oder Goldfelberich *(Lysimachia punctata)* – und viel, viel Grün drumherum – setzen. Eine passende Umgebung benötigen auch rot-, kupfer- oder gar schwarzlaubige Stauden, da auch sie ohne Pflanzpartner wie Fremdkörper im Beet aussehen. Zu den dunkleren Blattstars wie den Heuchera-Sorten 'Mocha', 'Palace Purple' und 'Purple Petticoat', der Oktober-Silberkerze 'Brunette' *(Cimicifuga simplex)* oder der Günsel-Sorte 'Atropurpureum' *(Ajuga)* passen warme Blütenfarben wie Rot, Orange, aber auch geheimnisvolles Violett oder Purpur perfekt.

Erleuchtung
Die gelben Funkienblätter bringen diesen asiatischen Garten zum Leuchten. Wunderbar der Kontrast zum Herbstlaub des Japan-Ahorns sowie zum Grün der Farnwedel und Buchskugeln.

ZUM JAHRESAUSKLANG

Wenn sich das Pflanzenjahr dem Ende zuneigt, laufen etliche Stauden noch einmal zur Höchstform auf und zeigen stolz ihr imposantes Herbstlaub. Dezente Rost- und Kupfer-Töne tragen dann zum Beispiel Schildblatt *(Darmera peltata)* und Schnecken-Knöterich *(Bistorta affinis)*,. Im Gegensatz dazu treiben es viele Euphorbien *(Euphorbia griffithi, E. palustris)* und Storchschnabel-Arten und Sorten (*Geranium macrorrhizum* 'Bevan', *G. Pratense*-Hybride 'Orion', *G. psilostemon, G. sanguineum*-Sorten, *G. × cantabrigiense*-Sorten), Bleiwurz *(Ceratostigma),* Entenschnabel-Felberich *(Lysimachia clethroides)* und die von Ernst Pagels gezüchtete *Bergenia*-Hybride 'Eroica' noch bunter und erstrahlen im knallroten, gelbroten oder orangegelben Herbstgewand. Unverzichtbar ist natürlich auch das Gelb-Orange vieler *Hosta*-Sorten, das wahrlich ein jährliches Herbst-Highlight bietet.

Wenn dann der Winter im Garten Einzug hält, freut man sich sowohl auf die zauberhaften Wintersilhouetten vieler Stauden als auch auf das verlässliche Grün der immergrünen und wintergrünen Beetbewohner. Viel Grünes, auch im Winter, finden Sie zum Beispiel bei Steingarten-Stauden wie Gänsekresse *(Arabis),* Feder-Nelke *(Dianthus plumarius),* Polster-Phlox (*Phlox subulata,* in milden Wintern), Steinbrech *(Saxifraga)* und niedriger Fetthenne *(Sedum).* Teils immergrün und teils wintergrün (Stauden behalten die Blätter bis zum Frühjahr) sind praktischerweise auch viele Bodendecker, so zum Beispiel Immergrün *(Vinca),* Günsel *(Ajuga),* Teppich-Erdbeere *(Fragaria chiloensis),* Schleifenblumen *(Iberis),* einige Elfenblumen *(Epimedium)* und Purpurglöckchen-Sorten *(Heuchera).* Und unter den Arten der Seggen *(Carex),* Wald-Marbeln *(Luzula),* Storchschnabel *(Geranium)* und Blauschwingel *(Festuca)* erfreuen uns ebenfalls etliche Vertreter mit grünem Winterkleid.

HOSTA

Funkien, auch Herzblattlilien (Hosta) genannt, sind perfekte Blattschmuckstauden für schattige Plätze

Die Gattung Hosta gehört in die Familie der Spargelartigen *(Asparagaceae)*. Das Verbreitungsgebiet liegt im Fernen Osten, die meisten Arten kommen aus Japan und den angrenzenden Regionen, einige wenige kommen auch in China, Korea und Russland vor. Der Gattungsname ist dem österreichischen Botaniker Thomas Host (1761–1834) gewidmet.

Funkien haben horizontal wachsende, kurze und meist verzweigte Rhizome, manchmal bilden sich auch Ausläufer. Durch die eng beieinander stehenden Triebknospen, aus denen im Frühjahr die grundständigen, spiralig angeordneten Laubblätter erscheinen, ist der Wuchs sehr kompakt und horstförmig. Der traubige Blütenstand erscheint meist im Juni bis Juli und trägt weiße, blaue, rosafarbene oder violette röhrige oder glockige Blüten sitzen. Je nach Standort variieren die Blüten in ihrer Intensität: ist es kühler, werden die Farben dunkler, an warmen Standorten heller.

HOSTA IM GARTEN

Aus den etwa 40 bis 45 Arten sind im Laufe der Zeit durch gärtnerische Kreuzungen, Auslese und Spontanmutationen (Sports) schätzungsweise über 7.500 unterschiedliche Hybriden, Kultivare und Sorten entstanden. Dabei sind nicht nur die Blätter, sondern auch die Blüten eine attraktive Bereicherung von Schattenbeeten. Duftende Sorten haben immer weiße Blüten. Diese benötigen mehr Wärme und in kühlerem Klima mehr Sonne als nicht-duftende Funkien.

Der ideale Standort ist im Schatten oder Halbschatten, wobei speziell die grünblättrigen Formen auch in voller Sonne wachsen können, vorausgesetzt der Boden ist feucht genug. Aber auch diese Sorten zeigen nach mehrtägiger Hitze mit voller Sonneneinstrahlung Schäden an den Blatträndern. Sorten mit hellem Blattzentrum sollten nur etwas direktes Sonnenlicht bekommen, denn sie verbrennen in voller Sonne sehr schnell. Als Grundregel gilt: Je mehr Zeichnung die Blätter aufweisen, desto weniger sonnenverträglich sind diese Sorten. Hosta pflanzt man daher gern an Standorte, die im Frühjahr mehr Sonneneinstrahlung haben und im Sommer eher beschattet sind. Von daher sind z.B. Laubbäume als Schattenspender ideal.

Hosta sind eine Lieblingsspeise für Schnecken aller Art. Daher sollten unbedingt prophylaktische Schutzmaßnahmen ergriffen werden.

»Ein Standort mit Morgensonne und Schatten am Nachmittag bewirkt, dass Funkien eine noch ausgeprägtere Blattzeichnung zeigen.«

EMPFEHLENSWERTE HOSTA-SORTEN

Cho Cho Train	55–60 cm	Blätter herzförmig, goldgelb, von dicker Substanz, Rand eng gerüscht. Blüten fast weiß
Deep Blue Sea	25–30 cm	Blätter herzförmig bis rund, tief blaugrün. Blüte fast weiß
Fire and Ice	40–45 cm	Blätter reinweiß, Rand dunkelgrün. Blüte lavendel
Fireworks	25–35 cm	Blätter länglich aufrecht, fast weiß mit grünem Rand. lüte lavendelfarben
Francee	50–60 cm	Blätter herzförmig, dunkelgrün mit scharf abgesetztem weißem Rand. Blüte lavendelfarben
Frosted Mouse	10 cm	sehr kleine Sorte mit festen Blättern
Ground Master	15–20 cm	Blätter grün mit cremegelbem Rand. Blüte lavendelfarben
Ground Sulphur	15–20 cm	Blätter schwefelgelb, besonders bei sonnigerem Stand, Blüte purpurn
Guardian Angel	55–60 cm	Blätter hell graugrün mit einem breiten blaugrünen Rand. Blüte weißlich
Gypsy Rose	55 cm	Blätter schmal und mattgrün, im Zentrum gelbweiß, am Rand blaugrün, Unterseite bereift. Blüte lavendelfarben
Halcyon	40–50 cm	Blätter herzförmig, blau mit prominenten Blattrippen. Blüte weiß bis blasslila
Island Charm	17–20 cm	Blätter oval, weiß, mit breitem grünem Rand. Blattstiele und Samenkapseln rosa, Blüte dunkleren Streifen
Medusa	15–40 cm	Blätter cremefarben, Rand grün, gewellt, schmal lanzettlich. Blüte hellviolett
Minuteman	50–55 cm	Blätter dunkelgrün mit einem sehr ausdrucksvollen rein weißen Rand. Blüte lavendelfarben
Orange Marmelade	45–60 cm	Blätter gelb, blaugrün gerandet, oben und unten bemehlt, Rand gewellt, oval bis herzförmig, Blüte hell lavendel
Paul's Glory	45–50 cm	Blätter anfangs bläulichgrün, zur Sommermitte dann hellgelb mit einem blau-grünen Rand. Blüte lavendelfarben
Pizzazz	70–90 cm	Blätter herzförmig, blau mit gewelltem cremeweißem Rand. Blüte fast weiß
Praying Hands	30–35 cm	Blätter straff aufrecht, grün mit einem weißen schmalen Rändchen. Das ganze Blatt ist mit seinen gewellten Rändern zusammengerollt. Blüte lavendelfarben
Queen of the Seas	60–90 cm	Blätter blau-grün und am Rand gewellt. Je heller sie steht, desto grüner werden die Blätter. Blüte hell lavendelfarben
Remember Me	30–35 cm	Blätter herzförmig, cremeweiß mit einem bläulich grünen Rand. Blüte hell lavendelfarben
Revolution	40–50 cm	Blätter oval, cremeweiß mit grünen Flecken und Strichen, Rand dunkelgrün. Blüte hell lavendelfarben
Sitting Pretty	10 cm	Blätter gelb mit grünem Rand. Blüte purpurn gestreift
Striptease	45–50	Blätter herzförmig, seidig glänzend, dunkelgrün. Am Übergang der beiden Farbbereiche zeigt sich ein schmaler weißer Streifen. Blüte blass violett
Tokudama	30–40 cm	Blätter mit blaugrünem, unregelmäßigen Rand mit grüngelber bis goldfarbener Mitte, von blaugrünen Streifen urchzogen. Blüte fast weiß
White Christmas	25–30 cm	Blätter oval, weiß mit einem grünen unregelmäßigem Rand, in sich gewellt und gedreht. Blüte lavendelfarben

Skulpturen im Staudenbeet
Die zarten Blüten der Sterndolde *(Astrantia)* sind jede für sich ein kleines Kunstwerk.

REINE FORMSACHE

Lassen Sie eindrucksvolle Staudenbeete entstehen, indem Sie unterschiedliche Blütenarten, Blatttexturen und Wuchsformen geschickt miteinander kombinieren.

Ein Staudenbeet, das vor Blütenfarben nur so strotzt, zieht stets alle Blicke auf sich. Aber was passiert, wenn die meisten Beetbewohner verblüht sind? Das Beet erscheint dann langweilig und unattraktiv! Damit das nicht passiert, sollten Sie bei der Beetgestaltung Ihr Augenmerk besonders auf die Gestalt – die Form – der einzelnen Stauden legen. Die Kombinationen von verschiedenen Wuchstypen, Blattarten und auch Blütenformen macht den Zauber einer Pflanzung aus. Spielen Sie mit Kontrasten: klein zu groß, schmal zu breit, hoch zu niedrig, dicht belaubt zu transparent. Mit Formen und Strukturen geben Sie Ihren Beeten Rhythmus und Spannung, aber durch Wiederholungen auch Harmonie. Und die spannenden Effekte, die dabei entstehen, wirken länger als kurze Blütezeiten. Piet Oudolf, niederländischer Gartengestalter und Meister in der Verwendung von Struktur-Pflanzen, stellt sehr passend zum diesem Thema fest: »Eine gute Pflanzung sollte genügend Variationen von Wuchsformen aufweisen, um auf einer Schwarz-Weiß-Fotografie interessant zu wirken.«

Beachten Sie bei der Planung, dass sich die Konturen eines Beets auch mit den Jahreszeiten ändern: Im Frühjahr treiben die neuen Blätter und Stiele aus, im Sommer zeigen Blätter sowie Blütenstände ihre üppigsten Formen und sowohl im Herbst als auch im Winter bestimmen filigrane Silhouetten der Ziergräser, Fruchtstände und trockene Blütenstände das Bild. Diese zauberhafte Verwandlung wiederholt sich Jahr für Jahr und wird trotzdem nicht langweilig, denn die Beet-Gemeinschaft entwickelt sich mit den Jahren weiter: Die Stauden wachsen, breiten sich aus, bilden kunstvolle Pflanzengeflechte, wenn sie sich mögen, oder bekämpfen sich gegenseitig, bis der Stärkere siegt.

BLÜTENFORMEN

Verschiedene Blütenformen geben einem Beet Struktur und lassen es interessant erscheinen. Auch hier gilt: Die Mischung macht's. Große Blüten werden mit kleinen Blüten kombiniert. Scheibenartige Blüten, zum Beispiel von Margeriten, stellt man zu sternförmigen oder zu rundlichen Blütenkuppeln, zum Beispiel zum Sommer-Phlox *(Phlox paniculata).* Ein wunderbares Kontrastpaar sind auch die sternförmigen Blüten des Roten Sonnenhuts *(Echinacea)* und die länglich-spitzen Blüten des Kandelaber-Ehrenpreises (*Veronicastrum virginicum).*

Strukturstark | links

Seine bizarre Wuchsform und die stacheligen Blüten machen *Eryngium planum* 'Blaukappe' zu einem unverwechselbaren Blickfang im steppenähnlichen Kiesbeet, auch noch in der Winterzeit!

Blüte und Blatt | unten links

Fackellilien *(Kniphofia)* setzen nicht nur mit ihren ausgefallenen Blüten Akzente im Pflanzbeet, sondern werden auch wegen ihres wintergrünen, grasähnlichen Laubs gern verwendet. Nettes Detail: Das Zusammenspiel mit den winzigen Blütenpunkten des Wiesenknopfs *(Sanguisorba).*

Die Wuchsrichtung einer Blüte sorgt für einen bestimmten Charakter. Kraftvolle Dynamik strahlen zum Beispiel schlanke, aufrechte Blüten aus. Botaniker sprechen von Ähren-, Trauben-, Kolben- oder Wickel-Blütenformen. Aber egal wie auch immer sie genannt werden, vertikale Blütenstrukturen von Rittersporn *(Delphinium),* Weidenröschen (*Epilobium angustifolium),* Fackellilien *(Kniphofia),* Kerzen-Knöterich (*Bistorta amplexicaule),* Prachtspieren *(Astilben),* Duftnesseln *(Agastache),* Blut-Weiderich (*Lythrum salicaria)* und Lupinen *(Lupinus)* bringen Höhe ins Beet und wirken wie schwungvolle Pinselstriche.

Ganz anders zeigen sich horizontale Blütenstrukturen. Scheiben-, dolden- oder kuppelförmige Blüten bringen Ruhe in die Pflanzung und wirken durch ihre meist leicht nach unten gebogene Form harmonisch, stabil und irgendwie geerdet. Vertreter dieser »gemütlichen« Stauden sindzum Beispiel: Wasserdost (*Eupatorium fistulosum),* Schafgarbe *(Achillea),* Hohe Fetthennen *(Hylotelephium* Syn. *Sedum telephium, H. spectabile; Sedum*-Hybriden*),* Sommer-Phlox *(Phlox paniculata),* Sterndolden *(Astrantia),* aber auch in etwas filigranerer Ausführung Himalaja-Silge *(Cortina wallichiana)* und Haarstrang (*Peucedanum ostruthium* 'Daphnis') oder die zweijährig wachsenden Doldenblütler Rote Engelwurz *(Angelica gigas),* Fenchel *(Foeniculum)*, Wilde Möhre *(Daucus carota)* oder der eindrucksvolle Purpur-Wiesen-Kerbel (*Anthriscus sylvestris* 'Ravens Wing') mit seinen dunkelroten Blättern.

Für Höhepunkte – die berühmten i-Tüpfelchen – sorgen Sie in der Beetgestaltung mit kugeligen Blüten oder großen tellerförmigen Blüten. Streuen Sie in kleinen Gruppen vereint oder auch mal ganz vereinzelt

Blätter-Vielfalt | unten

Viele unterschiedliche Wuchsformen und Blatttexturen kann man in diesem Beet entdecken, von großen, glatten Funkienblätter bis zu den langen, grazilen Chinaschilfhalmen.

Reizvolle Kombination
Der wilde Mix aus den unterschiedlichen Blütenformen des Quirlblütigen Salbeis *(Salvia verticillata),* Sonnenhut *(Echinacea)* und Storchschnabel *(Geranium)* verbreitet Vielfalt in der von kleinsten Gartenecke.

Roten Sonnenhut, Kugeldisteln *(Echinops),* Zier-Lauch, Sonnenhut *(Rudbeckia),* Herbst-Anemonen (*Anemone japonica*-Hybriden) oder bunte Margeriten (*Tanacetum coccineum*-Sorten) zwischen die übrigen Beetbewohner.

Und zu guter Letzt sollte man auch die zarten Traumtänzer nicht vergessen, die mit wunderbar luftigen, transparenten Blütenwolken für Leichtigkeit im Beet sorgen. Sie vermitteln als pflanzliche Netze und Gitter zwischen den verschiedenen Blüten- , Blatt- und Wuchsformen. Sie füllen das Beet, ohne Durchblicke zu verhindern.

Unverzichtbar sind zum Beispiel Witwenblume *(Knautia macedonica),* Schleierkraut *(Gypsophila),* Myrten-Aster *(Aster ericoides),* Riesenschleierkraut *(Crambe cordifolia),* Eisenkraut *(Verbena bonariensis),* Wiesenknopf *(Sanguisorba)* oder Wiesenraute *(Thalictrum).*

BLATT- UND WUCHSFORMEN

Die Blatt- und Wuchsform bestimmen das Erscheinungsbild einer Staude noch nachhaltiger als die Blütenform. Die Wuchsform ist für den Gesamteindruck wichtig. Und so können Stauden »aus dem Boden kommen«: als rundliche Rosetten, als kompakte Polster, als Pflanzenhorste, flächig oder mit einzelnen Trieben. Außerdem sorgen ihre verschiedenen Wuchsrichtungen für spannende Strukturen. Stauden können senkrecht nach oben wachsen oder ganz bodennah und horizontal. Sie können ihre Triebe in charmanten Bögen gen Boden neigen oder sich locker duftig wie eine Wolke ausbreiten.

Wie Sie die unterschiedlichen Wuchstypen verwenden, bleibt im Grunde Ihrem Geschmack überlassen. Nur so viel sei gesagt: Mischen Sie die Wuchsformen so, dass sich Wiederholungen ergeben. Das bringt Rhythmus in eine Pflanzung. Für Harmonie sorgen Sie auch mit sanften Übergängen von einer Wuchsform zu anderen. Fügen Sie immer wieder dezente Lückenfüller ein.

BLATTSTRUKTUREN

Die Laubblätter der Stauden sind für die Beetgestaltung immens wichtig. Die Blätter können durch ihre Form die Wuchsrichtung einer Pflanze unterstreichen. Genauso wie Sie mit den Formen verschiedener Blüten Spannung in die Gestaltung bringen können, lassen sich auch mit Blattformen eindrucksvolle Gartensituationen gestalten. Große Blätter von Funkien *(Hosta)* oder dem Kastanienblättrigen Schaublatt *(Rodgersia aesculifolia)* setzen zum Beispiel in schattigen Bereichen Akzente.

Zarte Linien zeichnen Sie mit langen, schmalen Blättern, zum Beispiel von Taglilien *(Hemerocallis),* oder mit den Halmen von Ziergräsern ins Beet. Sie können auch hier wieder mit Kontrasten arbeiten: Rundliche Blätter zu fein gefiederten Blättern und handförmige Blätter zu schmalen, lanzettlichen Blättern gesellen. Spielen Sie dabei auch mit den verschiedenen Blattoberflächen von glatt über runzelig bis zu wollig behaart.

WINTERZAUBER

Staudenbeete sind im Winter öde und leer? Von wegen! Wer im Herbst seine Gartenschere im Zaum hält und abgestorbene Triebe, Fruchtstände und Blüten stehen lässt, kann sich selbst ein wunderbares Weihnachtsgeschenk machen. Denn viele Stauden überraschen uns mit einer traumhaften Wintersilhouette – allerdings immer vorausgesetzt, dass der Herbst sich nicht allzu nass und regnerisch zeigt und die trockenen Staudenreste matschig werden lässt.

Erleben Sie die bizarren Gestalten der Elfenbeindistel *(Eryngium giganteum)* oder des Lanzen-Eisenkrauts *(Verbena hastata),* wenn der Frost seine Eiskristalle verteilt. Und selbst unter zentimeterdicken Schneehäubchen bleiben Roter Sonnenhut und Brandkraut *(Phlomoides)* absolut standfest. Traumhafte Winterbilder »malen« Sie außerdem mit den galanten Konturen vieler Ziergräser. Sie zeigen ihre speziellen Wuchsformen – von straff aufrecht bis bogig überhängend – auch bei Eis und Schnee.

Gute Wintergräser sind zum Beispiel Reitgras *(Calamagrostis × acutiflora),* Chinaschilf *(Miscanthus),* Rutenhirse *(Panicum),* Rasen-Schmiele *(Deschampsia cespitosa)* oder das vielseitige Lampenputzergras *(Pennisetum alopecuroides).*

STAUDEN MIT SCHÖNER WINTERSILHOUETTE

Trockene Triebe und Fruchtstände von diesen Stauden verzaubern den winterlichen Garten

- ***Schafgarbe*** *(Achillea)*
- ***Roter Sonnenhut*** *(Echinacea)*
- ***Elfenbeindistel*** *(Eryngium giganteum)*
- ***Lanzen-Eisenkraut*** *(Verbena hastata)*
- ***Hohe Fetthenne*** (*Hylotelephium*- Hybriden)
- ***Kugeldistel*** *(Echinops)*
- ***Königskerze*** *(Verbascum)*
- ***Aster*** *(Symphiotrichum novae-angliae, S. umbellatus)*
- ***Sonnenhut*** *(Rudbeckia fulgida)*
- ***Prachtspieren*** *(Astilbe chinensis)*
- ***Indiandernessel*** (*Monarda*-Hybriden)
- ***Duftnessel*** (*Agastache-rugosa*-Hybriden)
- ***Wasserdost*** *(Eupatorium fistulosum)*

Raureif

Der erste Novemberfrost hat die Blütenstände des Brandkrauts *(Phlomoides)* in zarte Kunstwerke verwandelt.

Das Geheimnis schöner Beete

BEETE KUNSTVOLL GESTALTEN

3

Stimmungsvolle Staudenbeete sind die Höhepunkte jedes Gartens. Nutzen Sie die unendliche Vielfalt der Staudenwelt und lassen Sie Ihre Gartenträume wahr werden: Von klassischen Staudenbeeten und verspielten Landhaus-Pflanzungen über moderne Kiesgärten oder wilde Prärielandschaften bis hin zu pfiffigen Topfgarten-Ideen ist vieles möglich und fast nichts unmöglich!

Gegensätze ziehen sich an.
Farb- und Formkontraste zwischen dem blaugrauen Laub der Funkien und den gelb-grün gestreifen Blättern des Japanwaldgrases bringen Spannung ins Beet. Da fällt der Löwenzahn, der sich dazwischengeschmuggelt hat, gar nicht auf.

GRUNDLAGEN DER BEETGESTALTUNG

Viele Stauden machen noch lange kein gutes Beet aus. Werden sie aber gekonnt kombiniert und dabei ein paar Gestaltungsgrundlagen beachtet, entsteht ein harmonisches Gesamtbild.

Neben einer geschickten Farben- und Formenzusammenstellung, auf die bereits im vorherigen Kapitel eingegangen wurde, hängen Wirkung und der Charakter eines Beets stark von der Art und Weise der Pflanzenverteilung ab.

VERSCHIEDENE PFLANZWEISEN

Ganz klassisch gestalten Sie ein Staudenbeet, wenn Sie nach dem Leitstauden-Prinzip vorgehen. Hier werden die einzelnen Stauden in Gruppen zusammengesetzt: Große Leitstauden verwendet man als Einzelpflanzen, aber auch in Duos oder Trios. Diesen Staudenpersönlichkeiten stellt man Begleitstauden in Gruppen von drei bis zehn Pflanzen zur Seite. Und schließlich werden die Lücken und der Beetrand mit sogenannten Füllstauden bepflanzt. Wer sich nicht sicher ist, wie viele Pflanzen einer Staudenart in einer Gruppe zusammengefasst werden können, orientiert sich an der sogenannten »Geselligkeit« der einzelnen Stauden. Die Staudenexperten Dr. Richard Hansen und Hermann Müssel haben dazu ein Konzept mit fünf Unterteilungen entworfen: I = 1–3 Pflanzen/Gruppe; II = 3–0 Pflanzen/Gruppe; III = 10–20 Pflanzen/Gruppe; IV = noch größere Gruppen; V = großflächig.

Die Staudengruppen können Sie in kompakteren Tuffs anordnen, die aber keineswegs eckige Pflanzflächen, sondern natürlich wirkende organisch geformte Umrisse bilden sollen. Spannung bringen auch lang gezogene Staudengruppen, sogenannte Driften, die sich wie Blütenbänder durch das Beet schlängeln. Nach diesem Leitstaudenprinzip können Sie Staudenbeete im klassischen englischen Border-Stil, aber auch moderne, naturalistisch wirkende Pflanzungen sowie Kies- oder Landhausbeete planen.

Eine ganz andere Art, Stauden im Beet zu verteilen, ist die Mosaikpflanzung. Dabei werden einzelne Pflanzen, besser noch kleinere Gruppen einer Staudenart beziehungsweise -sorte mosaikartig zusammengesetzt. So entstehen kleinteilig gegliederte Pflanzbeete mit sehr natürlicher Ausstrahlung, die zum Beispiel ideal zum Präriestil passen. Aber auch romantische Anlagen im »Millefleurs«-Stil, in denen sich Stauden

Frühlingserwachen | rechts

Tulpen und duftige Vergissmeinnicht *(Myosotis)* läuten das Frühjahr in vornehmem Weiß und Blau ein.

Unverzichtbar | unten

Das Trändende Herz *(Lamprocapnos* Syn. *Dicentra spectabilis)* darf in keiner Schattenpflanzung fehlen.

und Sommerblumen zu lieblichen Blütenteppichen miteinander verweben sollen, können Sie mosaikartig bepflanzen. Bei dieser filigranen kleinteiligen Pflanzweise ist es besonders wichtig, auf Strukturen zu achten, die dem Beet trotzdem Rhythmus geben und das Auge des Betrachters festhalten. Das kann zum Beispiel der Kontrast zwischen großen und kleinen Blüten oder zwischen länglichen und breiten Blüten sein. Auch das Einstreuen von imposanten Leitstauden wie Sommer-Phlox, Taglilien *(Hemerocallis)* oder Sonnenhut *(Echinacea)* gibt einer Pflanzung Höhepunkte, die gleichzeitig optische »Haltepunkte« darstellen.

RHYTHMUS UND WIEDERHOLUNGEN

Ein Beet erzielt Aufmerksamkeit und wird dann eindrucksvoll, wenn sich markante Farben und Formen wiederholen. Am einfachsten lässt sich dies erzielen, indem man eine Art oder bestimmte Sorten mehrmals im Beet an verschiedenen Stellen verwendet. Diese Wiederholungen sorgen für einen Zusammenhalt, für Stabilität und auch für einen gewissen Rhythmus. Nur so kann ein charakteristisches Gesamtbild entstehen. Planen Sie ein Beet nach dem Motto: Weniger ist mehr! Denn wer hat das nicht schon einmal selbst erlebt: Vor Begeisterung für einzelne Sorten oder Arten verzettelt man sich in ausgeklügelte Blütenkombinationen und vergisst dabei das große Ganze. Und schon entsteht ein Blüten-Wirrwarr ohne erkennbares Konzept oder Grundthema. Deshalb: Beschränken Sie sich lieber auf wenige ausgewählte Arten oder Sorten und kombinieren Sie diese geschickt in verschiedenen Gruppen.

ABSTAND HALTEN!

Setzen Sie Stauden nie zu eng zusammen. In überfüllten Beeten gehen schwach wachsende Stauden regelrecht unter, stark wachsende Pflanzen bedrängen ihre Nachbarn und alle Beetbewohner werden unnatürlich weit in die Höhe getrieben. Wählen Sie die Abstände so, dass die Pflanzdecke erst nach drei Jahren geschlossen ist. In den ersten zwei Jahren müssen sich die Stauden bis zu ihrer Endgröße entwickeln können.

HÖHENSTAFFELUNG

Die Höhenstaffelung stellt ein weiteres wichtiges Gestaltungsmittel dar, das je nach Stil eines Beets ganz unterschiedlich eingesetzt werden kann. In klassischen Beeten des englischen Stils herrscht zum Beispiel strikte Ordnung: hohe Stauden kommen nach hinten und die kleinen Pflanzen an den vorderen Beetrand, der Rest in die Mitte, aber bitte so, dass keine Staude von anderen verdeckt wird. Diese Einteilung funktioniert prima, wenn eine Hecke oder Mauer den Hintergrund bildet. Ist eine Pflanzungen aber von allen Seiten einsehbar, zum Beispiel ein Inselbeet im Rasen, kommen die höheren Stauden in die Mitte und zu allen Seiten werden die Stauden dann Richtung Beetrand immer niedriger.

DIETER GAISSMEYER

Vor über 40 Jahren gründete Dieter Gaissmayer seine Staudengärtnerei in Illertissen mit unermüdlicher Kreativität.

»Die ›Neuheiteritis‹ ergreift leider auch den Staudenmarkt. Wir prüfen in unserer Gärtnerei Neuheiten stets sorgfältig auf ihre inneren Werte, bis sie – vielleicht – einen Platz in unserem Sortiment bekommen.«

Rosa Blütenbälle | oben

Phlox paniculata 'Miss Pepper'

Impressionen | rechts

Der Blick auf die Versuchsfelder und Schauanlagen offenbart die Vielfalt des Sortiments der Staudengärtnerei Gaißmayer.

Feuer und Flamme | ganz oben

Indianernessel (*Monarda fistulosa* 'Jakob Cline') und Fackellilien (*Kniphofia*)

A

KULTURGUT: STAUDEN

Wie aus einer ehemaligen Krankenhausgärtnerei eine exzellente Staudengärtnerei und aus einem Drogisten ein Botschafter in Sachen Gartenkultur wurde.

Als Dieter Gaissmayer »in seinem ersten Leben« keine Lust mehr hatte, Drogist zu sein, entschloss er sich, ein Gartenstudium zu beginnen. »Die Neigung zu Pflanzen wurde bei mir schon in der Kindheit geweckt, im Garten meiner Großmutter, der mit Löwenmäulchen und Phlox gefüllt war«, berichtet er. Im Jahr 1980 hatte er das Glück, eine ehemalige Krankenhausgärtnerei im schwäbischen Illertissen pachten und später kaufen zu können. Stück für Stück baute er auf dem Gelände seine Staudengärtnerei auf, die mittlerweile zu den Top-Adressen der Staudenszene zählt.

»Wir kultivieren Stauden und produzieren sie nicht!« Nach diesem Leitsatz wird in der Gärtnerei gearbeitet und mit den Pflanzen gelebt. Das umfangreiche Sortiment ist ihm genauso wichtig wie nachhaltiges Gärtnern – sein Betrieb trägt als eine von ganz wenigen Staudengärtnereien das Bioland-Siegel. »Dabei liegt mir auch der Menschenschutz am Herzen. Meine Angestellten sollen nicht mit Gift hantieren.«

In der Illertisser Gärtnerei spürt man die Sorgfalt, Leidenschaft und Hingabe, mit der hier jeder der über 30 Mitarbeiter gärtnert. »Die Chefs, die Angestellten und die Auszubildenden haben bei uns die Möglichkeit, Stauden von klein auf an zu beobachten und kennenzulernen«, erzählt er. Das große Mutterpflanzenquartier und die 1 ha große Fläche mit Schauanlagen machen dies möglich. Und auch er selbst ist immer froh, bei seinen Stauden sein zu können. »Leider war ich eher ein Bürogärtner und mit Koordinations- und Organisationsaufgaben beschäftigt.« Aber auch das ist wichtig und die Gartenwelt in Deutschland dankt es ihm. Denn unermüdlich lässt der umtriebige Schwabe ein Stück Gartenkultur lebendig werden, indem er den Leuten Lust auf Grünes macht. Sei es durch seine mitreißenden Vorträge oder durch seine bereits sehr bekannten Veranstaltungen wie die »Illertisser Gartenlust«. Aber nicht nur er selbst, auch seine Mitarbeiter geben ihr Fachwissen in Vorträgen, Praxisseminaren, Kreativkursen oder auf Gartenrundgängen für Kinder gern weiter. Bei Gaissmayer leben alle für die Stauden! Und so war es ganz natürlich, dass 2020 zwei der Mitarbeiter, Sarah Baur und Daniel Pfeiffer, ins Unternehmen einstiegen und die Geschäftsleitung übernahmen. So ist die Zukunft dieser einzigartigen Stätte der Gartenkultur gesichert. Die Gärtnerei »rechnet sich« und funktioniert wirtschaftlich gut, aber viel wichtiger ist es den Illertissener Gärtnern, ein umfangreiches Sortiment anbieten zu können. »Nur durch die Vielfalt wird unsere Gartenkultur erhalten und gefördert«. Der Verkauf von Stauden ist nur ein Aspekt unserer Arbeit: »Die Menschen sollen mit den Stauden leben und glücklich mit ihnen werden.« Deshalb informiert er stets fair über seine Staudenlieblinge, gibt wertvolle Hintergrundinformationen und rät, wenn nötig, auch mal von bestimmten Sorten ab. Eigenschaften, Nutzen und Ansprüche der verschiedenen Arten und Sorten werden in Spezialkatalogen und auf der Homepage der Gärtnerei ehrlich und ohne »Schönmalerei« erwähnt. Mit besonderer Hingabe widmet sich die Gärtnerei den Kräutern, Heil- und Duftpflanzen, historischen Staudenschönheiten und nicht zuletzt so manchen Staudenfavoriten, wie dem Phlox. »Gärten voller Phloxblüten sind die schönsten Gartenerinnerungen meiner Kindheit.« Kein Wunder, dass er eine großartige Auswahl verschiedener Phloxe in seinem Sortiment führt.

Dieter Gaissmayer hat mit Konsequenz, Zielstrebigkeit und Leidenschaft seine Vision einer Sortimentsgärtnerei wahr werden lassen. Jetzt, im dritten Drittel seines Leben, hat er wieder Zeit und Muße, ein »richtiger« Gärtner zu sein. Mit den Händen in der Erde wühlen, neue Sorten züchten und die ›Stiftung Gartenkultur‹ weiter vorantreiben.

Ganz natürlich

Stauden, Gräser und Sommerblumen bilden hier ein harmonisches Gesamtbild, da sich Blütenfarben wiederholen und größere Farbtupfer gesetzt wurden.

Wer den naturalistischen Bepflanzungsstil bevorzugt, muss bei der Höhenstaffelung nicht so streng sein. Hier dürfen auch höhere Stauden in die erste Reihe vorrücken und dahinter stehende Stauden verdecken. Das bringt Dynamik ins Beet. Noch legerer können Sie die Höhenstaffelung in Pflanzungen mit Prärie- und Blumenwiesencharakter sowie in großflächigen Staudenbeeten, die vornehmlich der Flächenbedeckung dienen, handhaben. Hier bietet sich eine recht gleichbleibende Einheitshöhe an, aus der immer wieder ein paar höhere Stauden hervorschauen – ganz nach dem Vorbild von windumspielten Grasflächen, bunten Blumenwiesen oder auch herben Heidelandschaften.

Jahreszeitenaspekte

Frühling, Sommer, Herbst und Winter spiegeln sich im Lebensrythmus der Stauden wunderbar wider. Die Jahreszeiten bieten als Planungsthema ein wahrlich weites Feld. Das fängt bei der Höhenstaffelung an: So können Sie zum Beispiel Spätsommer- und Herbstblüher wie Astern, die im Frühling noch recht niedrig sind, durchaus in den vorderen Partien eines Beets setzen. Und Frühlingsblüher, die nach der Blüte nicht mehr so attraktiv sind wie Tränendes Herz *(Lamprocapnos* Syn. *Dicentra spectabilis)* oder Orientalischer Mohn *(Papaver orientale),* sollten in den hinteren Beetreihen Platz nehmen, damit Nachbarpflanzen unauffällig das welke Laub überdecken können.

Wer die Jahreszeiten mit Blüten sichtbar machen möchte, der kann dies mit stilvollen Farbwelten erreichen: das Frühjahr mit romantischen Rosatönen, den Sommer mit temperamentvollen Feuerfarben oder den Herbst im typischen Astern-Look in Violett und Pink. Speziell in kleinen Beeten ist es jedoch schwierig, für jede Jahreszeit passende Blütenstauden unterzubringen. Da wählen Sie lieber nur eine oder zwei Jahreszeiten als Hauptthema aus, um einen möglichst intensiven jahreszeitlichen Eindruck zu erzielen. Nur ein prachtvolles Septemberbeet mit Herbst-Anemonen, Lampenputzergras, Chinaschilf, Fetthenne und Eisenhut bringt, wie auch die Gartenarchitektin Anja Maubach stets betont, den gewünschten »Wow-Effekt« hervor. Das können drei Astern plus ein Ziergras in einem ansonsten grünlich-farblosen Beet nie erreichen! Außerdem zeigt sich ein solches Herbstbeet auch im Winter attraktiv, mit den trockenen Blütenständen der Fetthenne und den filigranen Halmen der Gräser. Und die Wartezeit bis zum Spätherbst können Sie sich mit Frühjahrszwiebeln wie Narzissen, Tulpen, Traubenhyazinthen und Blausternchen versüßen.

AUSTRIEB BIS WINTERPRACHT

Jahreszeiten müssen und sollten nicht nur mit Blüten repräsentiert werden. Im Frühjahr kann der Austrieb einer Stauden sehr attraktiv sein, im Frühsommer und Sommer liegt die Hauptblütezeit, im Herbst haben etliche Stauden eine fantastische Laubfärbung und im Winter zeigen standfeste wie Sonnenhut oder Brandkraut ihre faszinierenden Silhouetten. Bereichern Sie Ihren Garten mit Pflanzen, die mit verschiedenen jahreszeitlichen Höhepunkten auftrumpfen können. Der Kandelaber-Ehrenpreis *(Veronicastrum virginicum)* streckt im Sommer seine spitzen Blütenkerzen in die Höhe und glänzt im Herbst mit goldgelben Blättern. Die Himalaja-Wolfsmilch *(Euphorbia griffithii)* erfreut im Frühjahr mit leuchtend orangeroten Blüten und versüßt den Herbst mit langanhaltender, rot-gelber Färbung. Zu jeder Jahreszeit kann ein Staudengarten mit neuen Eindrücken überraschen, man muss ihn nur lassen!

Eindrucksvoll | oben

Wer den Herbst liebt, wird sich für dieses naturalistisch wirkende Beet mit Astern, Gräsern und Dahlien begeistern.

Herbst-Kontraste | unten

Feiern Sie die dritte Jahreszeit mit dem Formenspiel der trockenen Blütenstände von Schleier-Aster *(Aster ptarmicoides)*, Prachtscharte *(Liatris)* und Weißen Herbst-Astern *(Eurybia Syn. Aster divaricatus)*.

Klassisch weiß
Weiße Beet- oder Strauchrosen sind ideale Partner für weiße Glockenblumen und silberlaubigen Artischocken.

DAS KLASSISCHE BORDER

Prachtvolle Beete im englischen Border-Stil beeindrucken mit einer wunderbaren Farbgestaltung, einer vielseitigen, phantasievollen Bepflanzung und einer wohl überlegten Höhenstaffelung. Sie sind einfach very british indeed!

Strenge geradlinige Beetformen und üppige, aber geordnete Staudenpracht – das sind die zwei Hauptmerkmale einer englischen Art der Beetgestaltung, die Anfang des 20. Jahrhunderts aufkam. Im Zuge der Arts-and-Crafts-Bewegung entstanden Gärten mit strengen architektonischen Formen, die aber durch malerisch bepflanzte Beete voller Stauden, Sommerblumen, Rosen, Sträuchern und Zwiebelblumen aufgelockert wurden, den sogenannten »Mixed Borders«.
Als Königin der damals neuartigen Staudenrabatten gilt Gertrude Jekyll (1843–1932), die mit künstlerischem Gespür wunderbare Farbbeete entwarf, die noch heute in ihrem Garten Munstead Wood oder in Hestercombe Gardens zu besichtigen sind.

Unter einem klassischen Border versteht man in der Regel ein rechteckiges Beet, das mindestens zwei Meter breit und unbedingt mindestens doppelt so lang sein sollte. Eine klare Höhenstaffelung, von hohen Stauden oder Sträuchern im Hintergrund bis hin zu niedrigen Pflanzen am vorderen Beetrand, lässt alle Beetbewohner gut zur Geltung kommen. Das wichtigste Merkmal der englischen Border-Kunst ist jedoch eine perfekte Farbzusammenstellung. Die Stauden werden nach Farben zusammengestellt. Die Verwendung nach Lebensbereiche rückt in den Hintergrund. Gern wird mit Ton-in-Ton-Harmonien gearbeitet oder mit sanften Farbübergangen gestaltet. Für jede Farbwelt – von Weiß über Blau bis Gelb – finden sich passende pflanzliche Zutaten für ein Border.

UNSCHULDIGES WEISS

Mit weißen Beeten sorgen Sie für eine optische Erfrischung an heißen Sommertagen, aber auch im Frühling oder Herbst wirkt ein weißes Beet freundlich und einladend. Es bringt an düsteren Tagen Licht in den Garten. Weiße Beete kommen am besten vor ruhigen Hintergründen zur Geltung. Eine dunkle Eiben- oder Scheinzypressenhecke bildet die perfekte Rückwand, genau wie auch Mauern und Holzzäune.

Wer seinem weißen Beet eine vornehme, glänzende Note geben möchte, der verwendet neben weiß blühenden Stauden wie Steppen-Salbei (*Salvia nemorosa*

Elfengleich | oben links

Die flachen Blütenschalen der Herbst-Anemone *(Anemone hupehensis)* schweben über den Stängeln.

Duftig leicht | oben rechts

Das Patagonische Eisenkraut *(Verbena bonariiensis)* fühlt sich im trockenen Kiesgarten genauso wohl, wie im fetten Prachtstaudenbeet, wo es locker an die 2 m hoch werden kann.

Kräftig | unten links

Schafgarben *(Achillea)* gibt es von Weiß über Creme, Gelb, Orange, Rot und Karmin bis hin zu Purpurviolett. Die kurzlebigen Stauden versamen sich und vagabundieren durchs Beet.

Schwebend | unten rechts

Sterndolden *(Astrantia)* sind perfekt für feucht-schattige Bereiche im Staudengarten. Es gibt weiße, rosa und purpurne Sorten.

'Adrian'), Kandelaber-Ehrenpreis (*Veronicastrum* 'Diana'), Schafgarbe (*Achillea Filipendulina*-Hybride 'Heinrich Vogeler'), Prachtspiere (*Astilbe Arendsii*-Hybride 'Brautschleier'), Sternwolkenaster (*Boltonia asteroides* 'Snowbank') und Fetthenne (*Hylotelephium spectabile* 'Iceberg') auch silberblättrige Staudenschönheiten, zum Beispiel Polster-Silberraute (*Artemisia schmidtiana* 'Nana'), Woll-Ziest *(Stachys byzantina)* oder Currykraut (*Helichrysum italicum* 'Silbernadel'). Beides – silbergraues Laub und weiße Blüten – vereinen die kurzlebige, aber sich gut aussäende Weiße Kronen-Lichtnelke (*Lychnis coronaria* 'Alba') und das Perlkörbchen (*Anaphalis triplinervis* 'Silberregen' oder 'Sommerschnee') in sich. In weißen Mixed Borders lassen sich die ansonsten schwer kombinierbaren weißpanaschierten Laubsträucher wie der Weißbunte Purpur-Hartriegel (*Cornus alba* 'Sibirica Variegata') bestens integrieren.

ROSA BLÜTENTRÄUME

Rosa gilt als die Farbe der Romantik. In zarten Pastellnuancen lassen sich Blüten zu wunderbaren Beetbildern vermalen. Für intensive Eindrücke, die auch eine gute Fernwirkung haben, können Sie romantisch gefüllte rosa blühende Kleinstrauch- oder Strauchrosen, zum Beispiel die Sorten 'Hot Pink Meidiland', 'Bienenweide rosa' oder die duftende romantische Rose 'Soul', im Beet verteilen. Die modernen Sorten sind so krankheitsresistent, dass nicht mehr gespritzt werden muss. Für rosafarbene Flächen sorgen außerdem Sommer-Phlox, Herbst-Anemonen oder Fetthennen. Wer zarte dezente rosa Tupfer fürs Beet sucht, greift auf Wiesenraute *(Thalictrum)* oder Prachtkerzen *(Oenothera* Syn. *Gaura)* zurück.

Aber Rosa muss ganz und gar nicht immer nur romantisch sein. Im Gegenteil, es darf auch frech und laut daherkommen: Pinkfarbene Blütenkerzen von Blut-Weiderich *(Lythrum salicaria)* und die rosaroten Blütenköpfchen von diversen Astern (*Symphyotrichum dumosum* 'Kassel', *S. novae-angliae* 'Rubinschatz', *S. novi-belgii* 'Royal Ruby') peppen den Herbstgarten auf und passen wunderbar zu Ziergräsern und violett blühenden Stauden.

ROSA: VON ROMANTISCH BIS FRECH

Rosa blühende Stauden in allen Schattierungen

- ***Fetthenne*** *Sedum/Hylotelephium* 'Carmen' (hellrosa), 'Xenox' (bräunlich-rosa)
- ***Blut-Weiderich*** (*Lythrum salicaria* 'Stichflamme', 'Feuerkerze', karminrosa)
- ***Bronze-Bartfaden*** (*Penstemon digitalis* 'Husker Red', hellrosa)
- ***Wiesenraute*** *(Thalictrum)*
- ***Herbst-Anemonen*** (*Anemone hupehensis, Anemone Japonica*-Hybriden)
- ***Indianernessel*** (*Monarda-Fistula*-Hybride 'Purple Ann', purpurrosarot, 'Beauty of Cobham', hellrosa)
- ***Sterndolde*** *(Astrantia)*
- ***Prachtspieren*** (*Astilbe* in Sorten)
- ***Spornblume*** *(Centranthus)*

Ton in Ton | links

Storchschnabel *(Geranium)* und Salbei *(Salvia)* im violett-blauen Border. Als Rückwand dient eine dunkle Eibenhecke *(Taxus)*.

Sommerlicher Blütengenuss | unten

Die rundlichen Blüten des Sommer-Phlox *(Phlox paniculata)* gehen mit den spitzen Blütentrauben des Ehrenpreis *(Veronica)* eine spannungsreiche, aber funktionierende Partnerschaft ein.

Unwiderstehlich | oben
Die unglaubliche Auswahl an rosafarbenen Türken-Mohn-Sorten *(Papaver orientale)* macht diese Staude so interessant für Farbbeete in Pastelltönen.

VOM FERNWEH UND GEHEIMNISSEN

Blau ist die Farbe der Treue, Freundschaft und der Ferne. Mit blauen Beeten können Sie kleinen Gärten mehr räumliche Weite verleihen oder kurze Distanzen optisch verlängern. Die Staudenwelt bietet durchaus ein paar hervorragende blaue Schätze. Allen voran sei der Rittersporn *(Delphinium)* erwähnt, für den bereits Karl Foerster schwärmte: »Die Herrlichkeit eines Sommermorgens im Garten kann ohne Rittersporn nicht voll ausgeschöpft werden.« Aber auch unter den Glockenblumen und Bart-Iris gibt es etliche hell- bis dunkelblaue Sorten. Oft tragen die vermeintlich blauen Staudenblüten jedoch einen Rotton in sich, so dass sie eher violett erscheinen. Mit violetten Blüten bringen Sie ein bisschen geheimnisvolle Mystik in die Beetgestaltung. Violett passt prima zu rosa blühenden Rosen oder kann die Leuchtkraft von gelben oder orangefarbenen Blüten abmildern.

Verzichten Sie in blau-violetten Border auch nicht auf die wertvollen Halbsträucher, die ein bisschen mediterrane Atmosphäre verbreiten, zum Beispiel Blauraute *(Salvia yangii* Syn. *Perovskia)* und Lavendel oder die Bartblume *(Caryopteris)*, ein Kleinstrauch. Besonders die kompakt wachsenden Lavendelsorten wie 'Dwarf Blue' oder 'Munstead' lassen sich gut in Staudenbeete integrieren. Wer mehr Platz zur Verfügung hat, pflanzt Blütensträucher wie Sommerflieder (*Buddleja alternifolia, B. davidii* 'Empire Blue', 'Nanho Blue', 'Black Knight', 'Nike') und Eibisch (*Hibiscus syriacus* 'Marina', 'Bluebird').

Ein ausgefallenes violettes Beet-Highlight stellen die kugelrunden Blüten des Zier-Lauchs *(Allium)* dar, die zeitweise die Rolle des »Chefs im Beet« übernehmen können, wie die bekannte deutsche Gartenarchitektin Christine Orel, so treffend bemerkte. 'Globemaster' und 'Ambassador' blühen Ende Juni und 'Purple Sensation' schon im Mai.

GEHEIMNISVOLLES VIOLETT UND KÜHLES BLAU

Rabattenstauden in Blau

- ***Bart-Iris*** (Iris-Barbata-Sorten, z. B. 'Bel Azur', 'Raindance', 'Mer du Sud')
- ***Glockenblumen,*** z. B. *Campanula carpatica* 'Blaue Clips', *C. persicifolia* 'Blue Bommers')
- ***Rittersporn*** (*Delphinium*, z. B. 'Augenweide') Scabiose (*Scabiosa caucasica* 'Perfecta')
- ***Storchschnabelarten und -sorten*** *(Geranium)*
- ***Kugeldistel*** *(Echinops)*

Stauden in opulentem Violett

- ***Steppen-Salbei*** *(Salvia nemorosa)*
- ***Katzenminze*** (*Nepeta*)
- ***Astern*** (*Symphiotricum amellus* 'Sternkugel', *S. novae-angliae* 'Purple Dome', 'Violetta')
- ***Glockenblumen,*** z. B. *Campanula glomerata* 'Dahurica', *C. lactiflora* 'Superba', *C.* 'Sarastro') Ehrenpreis *(Veronica)*
- ***Sommer-Phlox*** (*Phlox paniculata* 'Düsterlohe', 'Le Mahdi', 'Werner Dittrich', 'Uspech')

GEORG ARENDS

Georg Arends (1863–1952) erschuf mit akribischer Züchtungsarbeit mehr als 350 neue Pflanzensorten.

Astilbenfelder | unten
Feld von Astilbe ‘Gloria‘ im Juli 1925

DER ALTMEISTER DER STAUDEN

Georg Arends war Wegbereiter der Stauden im deutschen Gartenbau. Als Pionier und Visionär der Staudenzucht hat er die deutsche Gartenkultur entscheidend geprägt und vor allem weiterentwickelt.

Als am 21. September 1863 Georg Arends als siebtes von zwölf Kindern des Kunst- und Handelsgärtners Karl Arends und seiner Frau Sophie in Essen geboren wurde, ahnte noch niemand, welch bedeutende Persönlichkeit hier das Licht der Welt erblickte. In der elterlichen Gärtnerei entdeckte der kleine Georg schon zu Kindheitstagen seine Liebe zu Pflanzen. Er versuchte sich bereits als Zwölfjähriger an der Kreuzung von Sommerblumen. Mit 16 Jahren absolvierte Georg Arends – auf eigenen Wunsch und ohne Druck der Eltern – eine Lehre als Gärtner, um danach die Höhere Lehranstalt für Obst-, Wein- und Gartenbau in Geisenheim zu besuchen.

Anschließend zog es ihn die Ferne. Wissbegierig wollte er die Gartenbaukultur anderer Länder kennenlernen. Schon damals galt sein Interesse den Stauden, und so war er froh, dass er in der englischen Gärtnerei Th. S.Ware (Tottenham), die als eine der ersten Gärtnereien Englands Stauden als Spezialität kultivierte, Anstellung fand. Durch viele Besuche in Kew Gardens erwachte seine Begeisterung für den Steingarten, die ihn rund sechs Jahre später zur Anlage seiner eigenen Alpenlandschaft animierte, der berühmten, heute immer noch existierenden »Felspartie«.

Nach Aufenthalten in England und Italien kehrte es 1887 im Alter von nur 24 Jahren nach Essen zurück und wusste nun, was er wollte: eine eigene Gärtnerei. Bereits am 1. März 1888 gründete er mit seinem Freund Ernst Pfeifer die »Kunst- und Handelsgärtnerei Arends & Pfeifer« in Ronsdorf-Wuppertal. Sie zogen zunächst Topf- und Schnittblumen für Blumenläden heran, aber Arends' Vision war, hier in den rauen Lagen des Bergischen Lands winterharte Stauden zu kultivieren und zu züchten. Und so trennte er sich 1901 freundschaftlich von seinem Geschäftspartner und Schwager Ernst Pfeifer, um sich intensiver um »seine« Stauden kümmern zu können.

In fast 70 Jahren zielstrebiger Züchtungsarbeit erschuf Georg Arends mit unglaublicher Sorgfalt und Detailgenauigkeit rund 350 Sorten in über 75 verschiedenen Stauden- und auch Gewächshauspflanzengattungen – eine großartige Leistung. Besonders seine Sorten in den Gattungen *Astilbe, Aster, Phlox, Campanula, Dianthus, Hosta* und *Bergenia* brachten ihm Welt-

In der Gärtnerei | oben

Anzuchthäuser und Arbeiter in der Gärtnerei, in den 1920er Jahren.

Schaugarten | unten

Diese Felspartie, heute würde man sie Steingarten nennen, wurde 1902 errichtet. Die Anlage eines Schaugartens war zu dieser Zeit etwas völlig Neues.

»Wer züchten will, muss sich im Voraus über seine Zuchtziele klar sein, ganz gleich, ob sich um Sommerblumen, Stauden oder Topfpflanzen handelt. Ein geübter Blick gehört dazu, etwaige Unterschiede und Abweichungen rechtzeitig zu erkennen und auszunutzen.«

ruhm. Er war es aber auch, der die damals noch völlig unbekannte Becher-Primel *(Primula obconica*) als Zimmerpflanze berühmt machte und sie ständig züchterisch weiterentwickelte. Der Durchbruch gelang Georg Arends 1894 mit der *Iberis* 'Weißer Zwerg' (engl. 'Little Gem'), die bezeichnenderweise erst über den Umweg über England in Deutschland eingeführt wurde. In den Gattungen *Astilbe, Saxifraga, Phlox* und *Aconitum* erschuf Arends wertvolle Sorten, die heute immer noch als »× Arendsii«-Sorten im Handel erhältlich sind. Aber am bekanntesten sind wohl seine Astilben: Arends steht für Astilben! Wer kennt sie nicht, die empfehlenswerten Arendsii-Sorten 'Brautschleier', 'Fanal', die zarte 'Grete Püngel' oder den 'Obergärtner Jürgens' – nur vier von rund 75 wunderschönen Astilben-Sorten aus der Züchtung Georg Arends'.

Er übte seinen Beruf mit Herzblut und unvorstellbarer Akribie aus. Das bezeugt nicht zuletzt sein Buch »Mein leben als Gärtner und Züchter«, das er noch zwei Jahre vor seinem Tod verfasste. Seinem Können als Züchter, aber auch einer Umtriebigkeit als Geschäftsmann und Botschafter der Stauden verdanken wir, dass Stauden mittlerweile zur Grundausstattung eines jeden Gartens gehören. Er war Mitbegründer des »Bunds der Staudengärtner«, setzte sich für Versuchsgärtnereien und gärtnerische Berufsschulen ein, stellte auf internationalen Gartenausstellungen aus und unterhielt weltweite Kontakte zu anderen Staudenzüchtern- und Staudengärtnereien. Außerdem pflegte er einen regen Briefwechsel mit seinem elf Jahren jüngeren Freund Karl Foerster. Der kontaktfreudige Georg Arends suchte immer das Gespräch mit Sammlern, Züchtern und Pflanzenliebhabern. Er wollte sein immenses Staudenwissen teilen und vermehren, mit Fachleuten als auch mit Laien oder Auszubildenden.

Ihm zu Ehren wird als höchste Auszeichnung des Deutschen Gartenbau die »Georg-Arends-Gedächtnis-Medaille« an besonders verdiente Gärtner verliehen. Seit 2008 hat sich der »Georg Arends Förderkreis e.V.« zur Aufgabe gemacht, das umfassende Werk des deutschen Ausnahme-Gärtners auch in Form eines Gartenmuseums zu erhalten, zu visualisieren und bekannt zu machen. Darüber hinaus ist und bleibt Georg Arends' Vermächtnis lebendig in seinen Sorten und in seiner traumhaften Gärtnerei und deren Schauanlagen, die immer noch ihren Platz auf »Rondorfs blumiger Höh« hat und liebevoll von seiner Urenkelin, der Gartenarchitektin Anja Maubach, geführt wird.

Gelbes Sommerborder | links

Stauden und Sommerblumen lassen sich perfekt kombinieren: Färberkamille *(Anthemis tinctoria),* Fackellilie (*Kniphofia* 'Maid of Orleans'), Inkalilie (*Alstroemeria* 'Aimi'), Fingerhut *(Digitalis lutea* ssp. *australis),* Mauerpfeffer *(Sedum rupestre),* Löwenmäulchen *(Antirrhinum,* Mädchenauge *(Coreopsis)* und Nachtkerzen *(Oenothera)* im sommerlichen »Regenbogenborder«.

Sehnsucht nach Sonne | oben

Was könnte mehr Lust auf den Sommer machen als ein sonnengelbes Beet mit verschiedenen Sonnenhut-Arten und -Sorten *(Rudbeckia)* und gelber Schafgarbe *(Achillea).*

FEUERFARBEN

Die temperamentvollen Farben Rot und Orange strahlen die pure Lebensfreude aus. Keiner kann sich ihrer anregenden Wirkungen entziehen. Sie besitzen eine große Fernwirkung und drängen sich optisch gern in den Vordergrund. Man kann sie benutzen, um lange Distanzen optisch zu verkürzen, aber man sollte sie in engen Gartenräumen lieber nicht verwenden. Die hohe Kunst eine rote Rabatte zu gestalten, findet man in England bestens umgesetzt in den Gärten von Great Dixter oder Haspen House.

Neben rot oder orange blühenden Stauden wie der Schafgarbe 'Feuerland' *(Achillea),* der Brennenden Liebe *(Lychnis chalcedonica),* dem Roten Bartfaden (*Penstemon barbatus* 'Coccineus'), der Prachtspieren-Sorten 'Glut' und 'Fanal' *(Astilbe), d*er Sorte 'Tomato Soup' des Roten Sonnenhuts *(Echinacea purpurea),* der Wolfsmilch 'Fireglow' *(Euphorbia griffithii),* die Rote Nelkenwurz *(Geum coccineum),* Sorten der Fackellilie *(Kniphofia)* und Sorten des Orientalischen Mohns *(Papaver orientale),* kommen für das rote Farbthema auch diverse Sommer- und Zwiebelblumen in Frage: Dahlien, Gladiolen, Montbretien, Löwenmäulchen *(Antirrhinum),* Gazanien, Feuer-Salbei *(Salvia splendens)* und Zinnien bieten farbintensive Blüten.

GELBE FRÖHLICHKEIT

Gelb ist die Farbe des Lichts, sie bringt wärmende Helligkeit in unsere Gärten. Im Frühjahr mögen wir sie besonders, denn dann steht sie für den Neubeginn und das Wiedererwachen der Natur. Zwiebelblumen wie Narzissen, Tulpen, Krokusse und sogar ab Februar schon der Winterling *(Eranthis)* zaubern Frühlingsflair in ein Mixed Border, gefolgt von gelben Kaiserkronen *(Fritillaria).*

HEITERES GELB

Mit diesen Stauden bringen Sie Fröhlichkeit in die Rabatte

- ***Stauden-Sonnenblumen*** (*Helianthus*-Arten)
- ***Mädchenauge*** *(Coreopsis verticillata* 'Moonbeam', *C. grandiflora)*
- ***Sonnenhut*** *(Rudbeckia)*
- ***Schafgarbe*** (*Achillea filipendulina* 'Coronation Gold', 'Credo')
- ***Färberkamille*** (*Anthemis tinctoria* 'Dwarf Form', 'Sauce Hollandaise')
- ***Lupine*** (*Lupinus Polyphyllus*-Hybride 'Kronleuchter', 'Gallery Gelb')
- ***Brandkraut*** *(Phlomoides russeliana)*
- ***Taglilie*** *(Hemerocallis)*
- ***Goldrute*** *(Solidago)*
- ***Nachtkerzen*** *(Oenothera)*
- ***Greiskraut*** *(Ligularia)*
- ***Sonnenbraut*** *(Helenium)*

Naturalistisches Border in Gelb

Gräser und eine nicht ganz so ernst genommene Höhenstaffelung lassen den Übergang vom strengen Border-Stil zum natürlichen Prärie- und Naturgarten fließend werden.

Zur Spätsommerzeit folgt der zweite große Auftritt der Sonnenfarbe Gelb. Viele Spätsommerblüher tragen die Sonne bereits im Namen: Sonnenhut, Sonnenbraut oder Sonnenblumen. Dazu passen noch Goldruten, Färberkamille und Mädchenaugen-Arten. Unterstützen Sie die heitere Atmosphäre, die diese gelben Blütenstars verbreiten durch ein paar luftigleichte Ziergras-Ähren, zum Beispiel vom Riesen-Pfeifengras *(Molina arundinacea* 'Zuneigung') oder vom Blau-Schwingel *(Festuca cinerea).* Zusätzlich können Sie auch noch die filigranen Blüten der Prachtkerze *(Gaura linheimeri*) durchs Beet tanzen lassen.

EINE FRAGE DES CHARAKTERS

Auch wenn die Farbauswahl in einem Mixed Border die oberste Priorität hat, sollte man die Ansprüche der Stauden trotzdem nicht ganz aus den Augen lassen. Denn fühlt sich eine Pflanze an ihrem Standort nicht wohl, wird sie verkümmern und krankheitsanfällig werden. Außerdem sollten Sie nicht nur die Farbe als Gestaltungsmittel berücksichtigen, sondern mit wachsamen Augen darauf achten, dass Stauden ihrem Charakter nach zueinander passen. Zum Beispiel passt die von Gertrude Jekyll so beliebte Bergenie *(Bergenia)* mit ihren rundlichen, gemütlichen Blättern nicht zu temperamentvollen Spätsommerblühern wie Mädchenauge *(Coreopsis)* oder Sonnenauge *(Heliopsis).* Eine Kombination der leiseren Art mit den zarten Gestalten von Frauenmantel *(Alchemilla),* Astilben oder Schleierkraut *(Gypsophila)* passt viel besser. Oft kann man schon regelrecht »erspüren«, welche Stauden zusammen passen. Lassen Sie Ihrer Intuition freien Lauf!

WEITERE BORDER-TIPPS

Mixed Border kommen am schönsten zur Geltung, wenn Sie die davor liegende Fläche frei halten. Über eine große Rasenfläche oder einen breiten Weg hinweg kann der Blick ungehindert über das Staudenbeet streifen.

Gertrude Jekyll hatte eine Lieblingsart, die Stauden im Beet zu verteilen: in langgezogenen Driften, wie schwungvolle Pinselstriche: »Eine schmale langgezogene Bepflanzung hinterlässt keinen unansehnlichen leeren Raum, wenn die Blüte vorbei ist und die Blätter möglicherweise verwelken.« Zwischen den Driften sollte man immer wieder Tuffs mit anderen Stauden einfügen, so wird Spannung erzeugt ohne die Pflanzung unruhig wirken zu lassen.

Spannung durch Formen | links

Die violetten Asternblüten passen farblich wunderbar zu denen der rosa Herbst-Anemonen und denen des Wasserdosts *(Eupatorium)*. Die unterschiedlichen Blütenformen machen den Reiz dieser Partnerschaft aus. Hohe Gräser wie das Chinaschild im Hintergrund und das Pfeifengras *(Molinia)* vorne rechts bilden einen schönen Kontrast.

Moderne Natürlichkeit | rechts

Diese großflächig bepflanzte Rabatte wirkt wunderbar natürlich wie eine hügelige Blütenlandschaft.

IRIS

Der botanische Name der Schwertlilie – Iris – ist das griechische Wort für Regenbogen und könnte das Farbspektrum dieser Prachtstauden nicht trefflicher beschreiben.

Heute kennt man über 200 verschiedene Iris-Arten, die ausnahmslos in der nördlichen Hemisphäre verbreitet sind. Heute gibt es unzähligen Sorten (Gartenkulturformen). Innerhalb der Gattung werden gärtnerisch zwei Hauptgruppen unterschieden, von denen eine in weitere drei Untergruppen unterteilt wird: die Zwiebel-Iris und die Rhizom-Iris. Letztere unterteilt man in Bart-Iris mit »Bärten« aus bunten Haaren auf den Hängeblättern, bartlose Irisformen, denen diese Bärte fehlen und sogenannte Kamm-Iris, die statt eines Barts einen aufrechten Kamm besitzen.

IRIS IM GARTEN

Rhizom-Iris sind meist winterhart und lieben einen sonnigen Standort. Unter den bartlosen Iris gibt es auch Formen, die einen sehr feuchten (nassen) Boden bevorzugen. Zwiebel-Iris-Arten sind ebenfalls meist winterhart und benötigen während der Wachstumsperiode einen sonnigen Standort mit viel Feuchtigkeit.

Für den Staudenfreund sind besonderes die Bart-Iris-Sorten von Interesse. Sie werden je nach Wuchshöhe und Blütezeit in drei Gruppen unterteilt: Hohe Bart-Iris *(Iris-barbata-elatior*-Hybriden) werden über 70 cm hoch und blühen ab Ende Mai. In Züchterkatalogen werden sie auch als Tall Bearded (TB) bezeichnet.

Mittelhohe Bart-Iris *(Iris Barbata Media*-Hybriden) sind zwischen 40 und 70 cm hoch und haben eine Blütezeit, die zwischen den Zwerg- und hohen Bart-Iris-Sorten liegt. Eine weitere Bezeichnung ist Intermediate Bearded (IB) Table-Iris oder Miniature Tall Bearded (MTB).

Niedrige Bart-Iris oder Zwerg-Schwertlilien (*Iris Barbata Nana*-Hybriden) bleiben mit einer Höhe von 15 bis 30 cm deutlich niedriger und blühen bereits ab der zweiten Aprilhälfte. Sie werden auch unter der Bezeichnung Miniature Dwarf Bearded (MDB) und Standard Dwarf Bearded (SDB) gelistet.

In manchen Katalogen taucht der Begriff Border-Iris (Border Bearded, BB) auf. Dieser bezeichnet allgemein Bart-Iris mit prächtigen Blüten, die etwa 60 cm hoch werden.

Bart-Iris brauchen einen warmen, vollsonnigen Standort und lieben einen kalkhaltigen, trockenen bis frischen, gut dränierten Boden. Der Nährstoffbedarf ist relativ hoch, die Düngung sollte jedoch nicht zu stickstoffbetont sein. Ein regelmäßiges Umpflanzen beugt einer Vergreisung vor. Auf dem neuen Standort sollten unmittelbar vorher keine anderen Iris gestanden haben. Der richtige Zeitpunkt zum Teilen und Umpflanzen ist dann gekommen, wenn die Iris einen kräftigen Horst mit vielen Stängeln gebildet hat. In den letzten Jahren haben außerdem zahlreiche Neuzüchtungen von bartlosen Iris-Sorten den Weg in die Gärten gefunden. Je nach Ausgangsart werden diese in folgende Gruppen eingeteilt: Sibirica-Iris, Sino-Sibirica-Iris,

Iris im Garten | im Uhrzeigersinn
Pogon-Iris *(Iris albertii)*
'Melmon Frederic' (TB)
Iris versicolor 'Mysterious Monique'
Iris pseudacorus 'Roy Davidson'
'Orinoco Flow' (BB)
Japanische Iris im Garten

Japanische Iris, Spuria-Iris, Kalifornische Iris, Louisiana-Iris, Zwiebel-Iris, Holländische Iris und Formen der Englischen Iris (Iris-anglica-Kulturformen). Je nach Herkunft der Wildarten, aus denen diese Iris gezüchtet wurden, sind die Gartenformen unterschiedlich winterhart.

Spuria-Iris, besonders die großblütigen Zuchtformen, sind zwar winterhart, brauchen aber im Sommer hohe Temperaturen und einen schweren Boden. Sie haben einen hohen Wasserbedarf.

Japanische Iris (Ensata- und Setosa-Gruppe) sowie die Sibiricas sind in Mitteleuropa ebenfalls winterhart, benötigen aber einen feuchten, humusreichen Boden mit nur sehr niedrigem Kalkgehalt.

Iris der Laevigata-, Pseudacorus-, Versicolor- und Louisiana-Gruppe lieben einen feuchten bis nassen Standort (bis 20 cm im Flachwasserbereich). Lousiana-Iris sind sehr wärmebedürftig und brauchen oft einen Winterschutz.

Reticulata- und Juno-Iris brauchen einen warmen und vor allem sommertrockenen Standort und sind ideale Steingartenpflanzen.

Zwiebel-Iris aus der Hollandica-Gruppe müssen ebenfalls sommertrocken stehen und brauchen auf jeden Fall einen Winterschutz in Mitteleuropa.

Englische Zwiebel-Iris bevorzugen dagegen einen frischen bis feuchten Boden.

Verspielte Wildnis
Bergknöterich, Rittersporn, Sterndolden und Ramblerrosen malen hier ein zauberhaftes Gartenbild für den verträumten Landhausstil.

NOSTALGIE PUR: COTTAGE-GÄRTEN

Nichts könnte die Lust aufs Landleben schöner stillen als romantische Pflanzungen im Countrystil oder wunderbar bunte Bauerngärten.

Den Traum vom Landleben träumen in unserer hektischen Arbeitswelt und dem schnelllebigen Alltag immer mehr Menschen. Erschaffen Sie sich Ihr privates grünes Reich, in dem Sie die Seele baumeln und neue Kraft tanken können. In nostalgischen Bauerngärten und auch in verspielten Cottage-Gärten finden Sie Traditionelles mit Sinnlichem vereint.

BAUERNGÄRTEN

Früher dienten die traditionellen Bauerngärten in erster Linie der Versorgung der Bauernfamilie mit Gemüse und Kräutern. Aber immer schon wurden auch Sommerblumen und Stauden gepflanzt, die als Schnittblumen für die Vase und als Küchenschmuck verwendet wurden. Die klassische Beeteinteilung durch ein Wegekreuz erinnert an die Ursprünge dieser Gärten. Viele Pflanzen fanden ihren Weg über die Klöster in den Bauerngarten und so wurde auch die Beeteinteilung der Klostergärten kopiert. Diese geometrische Aufteilung wirkt wunderbar einfach und doch harmonisch.

BAUERNGÄRTEN ZUR ZIERDE

Wer seinen Ziergarten im traditionellen Bauerngartenstil anlegen möchte, wählt auch das klassische Wegekreuz, bestückt die Beete aber nicht unbedingt mit Gemüse, sondern mit Stauden und Sommerblumen in kunterbunter Mischung. Der feste Beetrahmen aus Buchsbaumhecken, einer Reihe mit Findlingen oder einer Klinkermauer gibt dem fröhlichen Blütenmix Halt und sorgt für eine wohltuende Ordnung. Eine stilvolle Bepflanzung ist kein Problem, denn viele unserer Gartenstauden werden bereits seit Jahrhunderten in bäuerlichen Gärten gepflegt. Dazu gehören zum Beispiel Pfingstrosen, Rittersporn, Sommer-Phlox, Astern, Tränendes Herz oder Margeriten. Verzichten Sie aber nicht auf so robuste Sommerblumen wie Ringelblume *(Calendula),* Kapuzinerkresse, Levkojen,

Farbkleckse | *rechts*

Im Frühsommersetzen Rosen, Zierlauch und weiße Margeriten Farbtupfer im Cottage-Garten.

Klassiker | *unten*

Kein Bauern- oder Cottage-Garten ohne Hohe Bart-Iris. Die Sortenfülle lässt keine Wünsche offen.

Jungfer im Grünen *(Nigella),* Löwenmäulchen, Sonnenblumen, Tagetes, Wicken, Zinnien und Schmuckkörbchen, die wir alle schon den Gärten unserer Vorfahren kennen. Im Frühjahr kommen noch viele Blumenzwiebeln, zum Beispiel Kaiserkrone *(Fritillaria),* Maiglöckchen, Hyazinthen und Narzissen dazu. Zu den zwiebeligen Sommerschätzen des Bauerngartens gehören: Dahlien, Gladiolen, Lilien und Monbretien *(Crocosmia).* Die farbenfrohen Beete eines Bauerngartens tun der Seele einfach gut und laden ein, bunte Sträuße zu pflücken und traditionsreiche Stauden neu zu entdecken.

HISTORISCHE STAUDEN

Es müssen wahrlich nicht immer nur neue Staudensorten sein, mit denen wir unsere Gärten schmücken. Historische Stauden können den Charme vergangener Zeiten aufleben lassen und uns trotzdem mit ihrer bewährten Schönheit und Robustheit bezaubern. Hätte sich zum Beispiel die Herbst-Anemone 'Honorine Jobert' (*Anemone Japonica*-Hybride), die bereits aus dem Jahr 1858 stammt, bis heute im Staudensortiment behaupten können, wäre sie nicht so außerordentlich gesund und robust? Die Stauden-Sonnenblume 'Soleil d'Or' *(Helianthus decapetalus),* die Edel-Pfingstrose 'Duchesse de Nemours' *(Paeonia lactiflora)* und das Duft-Veilchen 'Königin Charlotte' *(Viola odorata)* sind ebensolche historischen Schätze, deren Geschichte auch dank der Arbeit engagierter Staudengärtner wie Dieter Gaissmayer nicht in Vergessenheit geraten sind. Hoffentlich bleiben uns diese Staudenklassiker noch sehr lange erhalten.

Buntes Landleben | links

In diesen Bauerngartenbeeten fühlen sich Stauden und prächtige Zweijährige wie der Fingerhut wohl.

Gräserromantik | rechts

Der Landhausstils lässt sich auch modern interpretieren. Hier sorgeh Fingerhut, Riesen-Federgars *(Stipa gigantea)* und Trichterschwertel *(Dierama)* für eine duftige Stimmung am Wasserbecken.

TRADITIONELLE BAUERNGARTEN STAUDEN

- ***Rittersporn*** *(Delphinium)*
- ***Pfingstrose*** *(Paeonia)*
- ***Sommer-Phlox*** *(Phlox paniculata)*
- ***Astern*** (*Aster* in Arten und Sorten)
- ***Lupine*** *(Lupinus)*
- ***Tränendes Herz*** *(Dicentra spectabilis)*
- ***Stockrose*** *(Alcea)*
- ***Fingerhut*** *(Digitalis)*
- ***Margerite*** *(Leucanthemum)*
- ***Gämswurz*** *(Doronicum)*
- ***Akelei*** *(Aquilega)*

VERTRÄUMTER LANDHAUSSTIL

Ebenfalls romantisch und verspielt wie ein Bauerngarten, aber freier in der Gestaltung und mit einem wildwüchsigeren Charakter, präsentieren sich Gärten im Landhausstil. Stauden dürfen sich hier noch enger miteinander verweben, Fingerhüte, Stockrosen und Akeleien können durch die Beete vagabundieren, Rosen verströmen ihren lieblichen Duft und stilvolle Details wie Steinfiguren, nostalgisch anmutende Gartenmöbel oder verschnörkelte Pavillons unterstreichen die romantische Note. Die Beete schlängeln sich an Rasenflächen oder kleinen Gartenwegen entlang durch den Garten und werden nicht in strenge geometrische Formen gepresst.

ZARTE FARBEN

Pastellfarbene Beete mit Stauden, Sommerblumen, Rosen und anderen Blütensträuchern gehören zur Grundausstattung eines Landhausgartens. Ganz wunderbar passt zum Beispiel dieses impressionistisch anmutende Ensemble: Als Hintergrund verwenden Sie eine stattliche Bechermalve *(Lavathera),* hohen Sommer-Phlox in Hellrosa und die nordamerikanische, weiß blühende Sternwolkenaster (*Boltonia asteroides* 'Snowbank'). Dazwischen guckt eine Schleierkraut-Wolke (*Gypsophila)* hervor. Davor pflanzen Sie hellviolett blühende Bart-Iris und rosafarbenen Orientalischen Mohn (*Papaver orientale* 'Karine' oder 'Pink Lassie'). Als Fußvolk dienen Woll-Ziest (*Stachys byzantina* 'Silver Carpet') oder Perlkörbchen (*Anaphalis triplinervis* 'Silberregen').

Wer den englischen Border-Stil nicht so sehr liebt, pflanzt in einem kleinteiligen Mosaikmuster eine wildwüchsige Kombination aus Sommer-Phlox, Storchschnabel (*Geranium* 'Rozanne', 'Sweet Heidy' oder 'Patricia'), Indianernessel *(Monarda),* Präriemalve *(Sidalcea),* Witwenblume *(Knautia)* und Prachtkerze *(Oenothera* Syn. *Gaura)* und lässt es begeistert zu, dass sich die Stauden zu einem malerischen Blütenteppich verknüpfen.

Wildromantisch | links

Fast kein Durchkommen herrscht in diesem Cottage-Garten vor lauter Blütenfülle.

Liebespaar | unten

Zart umschmeicheln die weißen Blüten der Königs-Lilie *(Lilium regale)* die kleinen rosa Blütenbüschel der Kleinstrauchrose 'Ballerina'.

ROSENKAVALIERE

Da Rosen im Landhausgarten keinesfalls fehlen dürfen, ist es wichtig die passenden Kavaliere aus dem Staudenreich parat zu haben. Stimmen Sie die Farben der Blüten und Blätter stets harmonisch mit den Rosenfarben ab. Starke Kontraste sind nicht erwünscht, sanfte Farbschmeicheleien umso mehr.

Aprikotfarbenen oder hellgelben Rosen können Sie zum Beispiel grüngelbem Frauenmantel *(Alchemilla mollis),* hellgelbes Mädchenauge (*Coreopsis* 'Moonbeam'), weißen Rittersporn, zartvioletten Steinquendel *(Calamintha nepeta)* und hellblaue Glockenblumen (*Campanula* 'Blue Boomers' oder 'Grandiflora Coerulea') zur Seite stellen. Zu weißen oder rosafarbenen Rosen gesellen Sie Prachtkerzen *(Oenothera* Syn. *Gaura)* Woll-Ziest *(Stachys byzantina),* Sterndolden (*Astrantia major* 'Moulin Rouge', 'Primadonna', 'Florence'), weiße Königskerzen (*Verbascum* 'Album'), Purpurglöckchen mit silbriggrotem oder dunkelrotem Laub (*Heuchera* 'Frosted Violet' und 'Palace Purple') sowie die hellrosafarbenen Phlox-Sorten wie 'Susanne', 'Europa' oder 'Lichtspiel'.

Mit Rosen in romantischen Pastellfarben können Sie problemlos violettblühende Kavaliere wie Katzenminze *(Nepeta)* und Steppen-Salbei (*Salvia nemorosa* in Sorten) kombinieren und nicht zu vergessen den Duftklassiker Lavendel, am besten in kompakt wachsenden Sorten.

Quelle der Inspiration
In öffentlichen Anlage, wie im Hermannshof in Weinheim, können Sie den Zauber der Prärie erleben und sich Ideen für den Garten holen.

AUS STEPPE UND PRÄRIE

Holen Sie sich den Zauber der nordamerikanischen Prärielandschaften in Ihren Garten und lassen Sie sich von diesem aktuellen Gestaltungstrend begeistern.

Die Prärien Nordamerikas zählen zu den faszinierendsten und artenreichsten Pflanzengesellschaften der Erde. Die Graslandschaften aus artenreichen Pflanzengemeinschaften bieten Schmetterlingen, Bienen, Vögeln und vielen anderen Tieren Unterschlupf und Nahrung.

Einst erstreckten sich die amerikanischen Prärien von Kanada bis Mexiko, von den Rocky Mountains im Westen bis zu den Großen Seen im Osten. Sie mussten Brände über sich ergehen lassen und der Beweidung durch schwere Bisons standhalten. Je nach Verbreitungsgebiet und Standortbedingungen konnten sich verschiedene Prärietypen bilden: Die Hochgrasprärien entwickelten sich auf tiefgründigen, nährstoffreichen Böden. Dagegen entstanden auf trockenen, mageren Böden Mischgras- oder Kurzgrasprärien. Leider sind von den wilden ursprünglichen Prärien heutzutage kaum mehr als ein Prozent erhalten. Ein alarmierender Zustand, der es nötig machte, die in den USA heimischen Präriepflanzen zu renaturieren und Prärien neu anzulegen. Die Idee, mit Präriestauden zu gärtnern, schwappte dann ab Mitte der 1990er Jahre nach Europa über und wurde durch Dr. Hans Simon in Deutschland zuerst aufgegriffen. Auch der niederländische Gartengestalter Piet Oudolf und der belgische Staudengärtner Jan Spruyt haben den Stil in jüngster Zeit bekannt gemacht. Vor allem in Deutschland entstanden wunderschöne Präriegarten-Anlagen, zum Beispiel im Schau- und Sichtungsgarten Hermannshof in Weinheim unter der damaligen Leitung des deutschen Präriegarten-Fachmanns Prof. Cassian Schmidt, im Berggarten von Hannover (Dr. Hans Simon) oder im Botanischen Garten der Universität Würzburg. Nicht zuletzt entwickelte sich aus der Präriegartenbegwegung ein neuer naturalistischer Stil in der Pflanzenverwendung, der »New German Garden Style«. Die Übergänge sind fließend, denn viele Präriepflanzen wie *Echinacea, Rudbeckia, Monarda, Phlox* und Astern haben schon lange als Prachtstauden einen festen Platz in unserer Gartenkultur.

Unverzichtbar | unten

Ziergräser sind in Präriegärten unentbehrlich. Hohe Arten dienen als Gerüstbildner, niedrige Arten füllen Lüåken und bringen die typische Leichtigkeit einer Prärielandschaft ins Beet.

Wiesenhaft | rechts

Aus einer Gräsermartrix aus *Deschampsia cespitosa* 'Goldschleier' recken sich Indianernesseln (*Monarda fistulosa* 'Scorpion'), Seidenblume *(Asclepias incarnata)* und Eisenkraut *(Verbena hastata)* in die Höhe.

DER MODERNE PRÄRIEGARTEN

In unseren Privatgärten darf es durchaus etwas üppiger blühen als in den ursprünglichen amerikanischer Landschaften, die von Gräsern dominiert sind. Pflanzen Sie mehr Blütenstauden als Gräser! Wer viel Platz zur Verfügung hat, legt großzüge Präriebeete an, in denen man auf schmalen Pfaden auf Entdeckungstour gehen kann – wie Indianer auf der Bisonjagd! Aber auch in kleineren Gärten müssen Sie auf eine Prärie-Atmosphäre nicht verzichten. Auch in schmalen Pflanzstreifen an der Hauswand, entlang von Wegen, als Begrenzung eines Carports oder im Vorgarten funktionieren Staudenbeete im Präriestil.

DIE PFLANZEN DER PRÄRIE

Die wichtigsten Bewohner sind die echten, tief wurzelnden und langlebigen Präriepflanzen, die ihre Hauptwachstumszeit im Sommer haben und erst im Spätsommer/Herbst blühen. Auch züchterisch veränderte Sorten dieser Stauden und Gräser sind im modernen Präriegarten willkommen.

Wer seinen Präriegarten mit weiteren Stauden auffüllen möchte, um ein größeres Blütenspektrum zu erhalten, wählt aus den folgenden Stauden seine Lieblinge aus. Sie alle haben auch einen Wildstaudencharakter und passen zu den aufrechten Staturen der anderen Präriepflanzen, wie Steinquendel *(Calamintha)*, Witwenblume *(Knautia macedonica)*, Steppen-Salbei *(Salvia nemorosa)*, kleinblütige Taglilien *(Hemerocallis)* oder als Halbstrauch die Blauraute *(Salvia yangii* Syn. *Perovskia atriplicifolia)*.

DIE ANLAGE

Da es Präriepflanzen sowohl für nährstoffreiche und als auch für magere, trockene Böden gibt, ist das Abmagern eines normalen Gartenbodens vor Anlage ei

Üppige Fülle
Steppen- und Präriepflanzungen wirken besonders gut, wenn sie weiträumig angelegt sind. So kommt die Dynamik der Stauden zur Geltung.

nes Beets in der Regel nicht nötig. Die meisten Präriepflanzen mögen sogar frischere, nährstoffreiche Böden. Beim Verteilen der Pflanzen im Beet haben Sie verschiedene Möglichkeiten: entweder werden Stauden und Gräser ganz bunt durcheinander gemischt verteilt, so als ob sie sich natürlich angesiedelt hätten. Oder man stellt kleine Gruppen in einzelnen Blöcken mosaikartig zusammen. Auch lang gezogene Gruppen, sogenannte Driften, können ein Beet malerisch durchfließen. Keinesfalls darf die klassische Höhenstaffelung eines Mixed Border nachgeahmt werden. Präriebeete sollen ihre unterschiedlichen Höhen in sanften Wellenbewegungen zeigen dürfen.

Man rechnet bei fruchtbarem Boden mit vier bis sieben Pflanzen pro Quadratmeter. In Pflanzungen nach dem Vorbild der Kurzgrasprärie und bei magerem Boden können es sieben bis neun Pflanzen pro Quadratmeter sein.

Wichtig ist das Mulchen des Bodens mit mineralischem Material. Eine mindestens 5–7 cm hohe Mulchschicht sorgt für ein ausgeglichenes Bodenklima, hält die Feuchtigkeit länger im Boden, unterdrückt Unkrautbewuchs, verhindert Erosion und reduziert den Pflegeaufwand erheblich. Bewährt haben sich Lava und Splitt in Körnungen von 2–8 oder 8–16 mm. Sie können jedoch auch gewaschenen Sand (0–2 mm) verwenden. Je nach Belieben wird vor oder nach dem Pflanzen gemulcht.

PFLEGE – WAS IST DAS?

Im ersten Jahr erhält eine Präriegartenanlage ein bisschen Zusatznahrung in Form einer kleinen Kompostgabe, aber auch nur, wenn sie einen üppigen Beetstaudencharakter hat und bei Trockenheit wird gewässert. Nach dem ersten Standjahr wird nicht gedüngt und nicht mehr gewässert. Der Arbeitsaufwand beschränkt sich auf regelmäßiges Unkrautzupfen. Im Frühjahr, ungefähr im Februar, werden die Beete mit dem Freischneider oder einer Sense bodennah abgemäht und das Schnittgut von der Fläche abgerecht. Die Handschere tut es natürlich auch. Mehr Pflege ist nicht nötig. Präriegärten bestehen aus einem gesunden Pflanzengerüst, das sich selbst erhält und reguliert. So wird der Traum vom ökologischen, nachhaltigen Gärtnern wahr!

DIE WICHTIGSTEN PRÄRIESTAUDEN

Blütenstauden

- ***Astern-Arten*** (*Aster cordifolius, A. divaricatus, A. laevis, A. ericoides, A. umbellatus* u. a.) Hohes Mädchenauge *(Coreopsis tripteris)*
- ***Sonnenhut-Arten*** *(Echinacea purpurea, E. pallida, E. paradoxa)*
- ***Palmlilien-Edeldistel*** *(Eryngium yuccifolium)*
- ***Purpurdost*** (*Eupatorium maculatum)*
- ***Sonnenbraut*** *(Helenium)*
- ***Sonnenblumen-Arten*** *(Helianthus)*
- ***Sonnenauge*** *(Heliopsis helianthoides)*
- ***Prachtscharte*** *(Liatris spicata)*
- ***Indianernessel-Arten*** *(Monarda)*
- ***Brandkraut*** *(Phlomoides)*
- ***Breitblatt-Phlox*** *(Phlox amplifolia)*
- ***Nickender Präriesonnenhut*** *(Ratibida pinnata)*
- ***Missouri-Sonnenhut*** *(Rudbeckia missouriensis)*
- ***Goldrute*** *(Solidago rugosa)*
- ***Dreimasterblume*** *(Tradescantia ohiensis)*
- ***Virginia-Ehrenpreis*** *(Veronicastrum virginium)*

Echte Präriegräser

- ***Bartgras*** *(Andropogon gerardii)*
- ***Moskitogras*** *(Bouteloua gracilis)*
- ***Purpur-Liebesgras*** (*Eragrostis spectabilis)*
- ***Federgras*** *(Nassella tenuissima)*
- ***Ruten-Hirse*** (*Panicum virgatum)*
- ***Kleines Präriegras*** *(Schizachyrium scoparium)*
- ***Goldbartgras*** *(Sorghastrum nutans)*
- ***Tautropfengras*** *(Sporobolus heterolepsis)*

Europäische Ziergräser

- ***Reitgras*** *(Calamagrostis × acutiflora)*
- ***Diamant-Reitgras*** *(Calamagrostis brachytricha)*
- ***Pfeifengras*** *(Molina)*
- ***Rasen-Schmiele*** *(Deschampsia cespitosa)*

C

CASSLAN SCHMIDT

Prof. Cassian Schmidt prägt wie wenige andere die nationale wie interantionale Staudenverwendung.

»Ich finde Stauden interessant, die gärtnerisch nicht so bekannt sind, aber durch fantastische Formen und Texturen auffallen, wie die bizarren Gestalten vieler Wolfsmilch-Arten, die Doldenblütler, die Edeldisteln und natürlich Gräser.«

Kräftig und zart – perfekte Partner

Echinacea purpurea 'Fatal Attraction'
Aster novi-belgii 'Dauerblau' | rechts

Attraktiv das ganze Jahr

Präriepflanzungen im Sommer | ganz oben
und im Herbst | ganz rechts

C

EIN TREND-SETTER DER STAUDENSZENE

Cassian Schmidt ist die prägende und international vernetzende Koryphäe der deutschen Staudenverwendung. Mit Experimentierfreude und Begeisterung treibt er den Einsatz von Stauden immer weiter voran, im öffentlichen Grün und in Privatgärten.

Cassian Schmidt ist ein echter Macher, der sich mit voller Kraft für die Stauden einsetzt. Seit 2008 hat er die Leitung und Organisation der jährlich stattfindenden Grünberger Staudentage inne, seit 2010 eine Honorarprofessur für Pflanzenverwendung und Pflanzplanung an der Hochschule Geisenheim University, Studiengang Landschaftsarchitektur und seit 2024 eine Gastprofessur für Pflanzenverwendung an der Technischen Hochschule Ostwestfalen-Lippe (THOWL). Er ist seit 2004 Vorsitzender des Arbeitskreises Pflanzenverwendung im Bund deutscher Staduengärtner (BdS) und Mitglied im Arbeitskreis Staudensichtung im BdS. Schmidt ist weltweit unterwegs für Fachvorträge, Seminare und Tagungen – ein Stauden-Aktivist, der für die Branche schon fast verloren schien, als er während seines Studiums der Landschaftsarchitektur an der Technischen Universität München-Weihenstephan herzlich wenig mit Pflanzen zu tun hatte, und auch anschließend in einem Landschaftsarchitekturbüro in Gießen eher objektplanerisch tätig war. Dabei zog es den gebürtigen Essener schon zu Jugendzeiten in den elterlichen Garten. »Den Garten habe ich beackert. Rosen herausgerissen und allerlei Zeug aus dem Wald angeschleppt und eingepflanzt«, erzählt er. Seine Liebe zu Stauden entbrannte dann Mitte der 1980er Jahre, als aus einem Praktikum in der Staudengärtnerei Gräfin von Zeppelin eine vierjährige Anstellung als Staudengärtner wurde. »In der Zeit traf ich etliche interessante Leute, Kurt Bluemel oder Wolfgang Oehme. Ich bin viel herumgereist und habe 1987 meine erste Präriepflanzung im Botanischen Garten von Chicago gesehen.« Kurt Bluemel benannte später sogar ein Lampenputzergras nach ihm: *Pennisetum alopecuroides* 'Cassian'.

Hier in den USA begann die zweite große Staudenliebe des Cassian Schmidt: der Präriegarten. Von 1998 bis 2023 übernahm er die Leitung des Schau- und Sichtungsgartens Hermannshof. Hier hatte bereits sein Vorgänger Prof. Urs Walser erste Präriepflanzungen etabliert, auf die der damals 35-jährige Schmidt nun aufbauen konnte. Eine große Rasenfläche mit »vielen Eiben drumherum und leichtem Friedhofscharakter« musste weichen und Cassian Schmidt ließ hier verschiedene Prärielandschaften anlegen. Dank der freien Hand, die ihm auf dem Hermannshof gelassen wurde, konnte er mit viel Mut und Pioniergeist neue Staudenverwendungsarten ausprobieren. Außer den eindrucksvollen Präriefl ächen zeigt der Hermannshof heute wie kein anderer öffentlich zugänglicher Privatgarten die gelungene Verwendung von Stauden in ihren natürlichen Lebensbereichen. Cassian Schmidt trägt mit seinen Planungen dazu bei, dass eine neue naturalistische, dynamische und auch optisch ansprechende Bepflanzungsart immer populärer wird.

Er ist national wie international einer der Experten in Sachen Staudenverwendung, und arbeitet auch eng mit Piet Oudolf zusammen. Cassian Schmidt ist es, der mit Enthusiasmus seine Studenten in die Welt der Pflanzenverwendung einführt, sie für das Reich der Stauden begeistert und somit dafür sorgt, dass Stauden wieder zum Handwerkszeug jedes Gartenarchitekten gehören werden. »Forschung und Lehre war für mich immer ein wichtiger Auftrag. Wir müssen die jungen Leute begeistern.«

Modernes Steppen-Ambiente
Kiesgarten mit Indianernesseln *(Monarda)*, Prachtscharten (*Liatris)* und Scheinsonnenhut (Echinacea).

KIESGÄRTEN

Wer auf der Suche nach pfegeleichten Beet-Ideen für sonnige Plätze ist, kommt an den trendigen Kiesgärten nicht vorbei.

Für jeden Gartenstil lassen sich attraktive Staudenstars samt den passenden Arten von Kies, Schotter oder Splitt finden. An sonnig exponierten Gartenstellen, die besonders unter extrem hohen sommerlichen Temperaturen zu leiden haben, ist ein anspruchsloser Kiesgarten die pflegeleichte, ressourcenschonende Alternative für aufwändige Prachtstaudenbeete. Als bestes Beispiel sei hier der weltberühmte Kiesgarten, der »Gravel-Garden« von Beth Chatto erwähnt, den die »Mutter der Kiesgärten« 1991 in ihrem Garten in der englischen Grafschaft Essex errichtete. Seit seiner Anlage wurde er nie wieder gewässert – laut den Angaben seiner Schöpferin. Die Spezialistin für »unusual plants« pflanzte viele »Evergreens« und »Evergreys« wie Lavendel, Schwarznessel *(Ballota)* oder Bergenien. Blumenzwiebeln wie Zierlauch und Tulpen tauchen zeitweise auf. Gräser geben dem Garten rund ums Jahr Struktur und die Silhouetten von Fetthenne und Brandkraut *(Phlomoides)* spielen in den Wintermonaten die Hauptrollen. Eine wirklich sehenswerte Kieslandschaft, die an die trockenen Flussläufe Kaliforniens erinnert.

GUTE VORBEREITUNG

Der Boden der Pflanzflächen sollte frei von Wurzelunkräutern sein. Die Erde wird durch tiefgründiges Einarbeiten von Sand, Schotter, Ziegelbruch oder Recyclingschotter durchlässiger und abgemagert, also karger und nährstoffarmer gemacht. Die mineralische Mulchschicht muss dick aufgetragen werden, eine Höhe von mindestens 7 cm ist Pflicht.

Welches Steinmaterial Sie für diese obere Schutzschicht als Mulch verwenden, bleibt Ihrem Geschmack überlassen. Sinnvoll ist es, Kies, Splitt oder Schotter von regionaltypischen Steinarten oder von Recyclingsteinen auszuwählen. Transportwege bleiben so gering und die Umwelt dankt es Ihnen!

STILRICHTUNG WÄHLEN

Kiesgärten können viele Gesichter haben: von modern, klassisch, ländlich über prärieartig und naturnah bis asiatisch oder alpin lassen sich (fast) alle Stilrichtungen realisieren. Die ausgewählten Stauden müssen natürlich stets sonnenliebend und trockenheitsresitent sein. Die steinige Mulchschicht sollte in Form und Farbe zum jeweiligen Gartenstil passen.

MEDITERRANE STAUDEN UND HALBSTRÄUCHER

Mit diesen Schönheiten bringen Sie Mittelmeer-Ambiente in Ihren Kiesgarten:

- ***Färber-Kamille*** *(Anthemis tinctoria)*
- ***Walzen-Wolfsmilch*** *(Euphorbia myrsinites)*
- ***Sonnenröschen*** (*Helianthemum*-Hybriden)
- ***Dost*** *(Oregano)*
- ***Thymian*** *(Thymus)*
- ***Salbei*** in Arten *(Salvia)*
- ***Königskerze*** *(Verbascum)*
- ***Palmlilie*** *(Yucca filamentosa)*
- ***Bart-Iris*** *(Iris)*
- ***Lavendel*** *(Lavandula)* in Arten und Sorten

Wenig Zutaten, große Wirkung | links
Ein Drift aus Japanischem Blutgras (*Imperata cylindrica* 'Red Baron') zieht sich durch den Kiesgarten. Im Vordergrund Tautropfengras *(Sporobolus heterolepis)*, dahinter Gelenkblumen *(Physostegia)*.

Modern und doch natürlich | gegenüber
Gelbe Königskerzen *(Verbascum)*, Ziergräser, Salbei *(Salvia)* und wärmeliebende Halbsträucher wie Thymian sorgen für mediterranes Flair.

Für raffiniert gestaltete Gärten, die zu einer modernen Architektur passen sollen, bieten Kiesgärten viele Möglichkeiten. Wer besonderen Wert auf ausdrucksstarkes Mulchmaterial legt, wählt scharfkantige Steine (Splitt oder Schotter), zum Beispiel dunklen Schiefer-Splitt, grauen Granit-Schotter oder Splitt in ausgefallenen Farben wie grünen Glimmerquarzit, rotorangen Granit-Splitt oder roten Splitt aus Ziegeln.

Die Bepflanzung darf dabei ruhig dynamischer sein mit Arten, die sich selbst versamen und Königskerzen *(Verbascum)*, der Mittelmeer-Wolfsmilch *(Euphorbia characias)* sowie einigen Zier-Lauch-Bällen *(Allium)*. Standorttreue Akzente setzen hohe Steppenkerzen *(Eremurus)*.

Kiesgärten lassen sich ebenfalls gut im Präriestil gestalten. Allerdings nicht mit üppigen, hochwachsenden Präriestauden, denn diese bevorzugen einen frischen und keinen tiefgründig mit Steinen zersetzten Boden. Präriepflanzung für den mageren Boden eines Kiesgartens können Sie mit Prärie-Lein *(Linum perenne* ssp. *lewisii)*, Prachtkerze *(Oenothera* Syn. *Gaura)*, Nachtkerze *(Oenothera fruticosa)* oder Missouri-Sonnenhut *(Rudbeckia missouriensis)* bestücken. Als Bodenabdeckung empfiehlt sich grobkörniger Sand, gelblicher Quarz-Kies oder Lava-Splitt.

Der mediterrane Stil ist jedoch unbestritten die passendste Art, einen Kiesgarten zu gestalten. Wunderbar passen all die schönen graulaubigen Stauden wie das Graue Heiligenkraut *(Santolina chamaecyparissus)*, der Woll-Ziest (*Stachys byzantina* 'Silver Carpet') oder der Silbrige Garten-Wermut (*Artemisia absinthium* 'Lambrook Mist') und viele Blütenstauden mit Mittelmeerflair (siehe Kasten oben links) hinein. Als Mulchschicht können Sie je nach Geschmack helleren, beigefarbenen Splitt oder Kies verwenden. Runde Kieselsteine wirken etwas gefälliger, Splitt sieht moderner, aber auch schroffer aus.

PETER JANKE

Peter Janke lebt und gärtnert seit 2006 im Hortvs in Hilden. Wie wenige andere kombiniert er naturhafte Pflanzbilder und formale Gestaltungselemente.

»Über allem steht für mich die ganzjährige Attraktivität, die ein Garten haben muss. Die Pflanzenauswahl ist immer standortgerecht und muss über Jahre funktionieren. Dabei ist es wichtig zu wissen, welche Pflanzen auf welchen Standorten gedeihen, und welche sich auch mal mit einer gewissen Eigendynamik ausbreiten, aber nie lästig werden.«

Inspiration pur

Die dem Hortvs angegliederte Gärtnerei bietet ein vielfältiges und ausgesuchtes Sortiment an Stauden und besonderen Gehölzen.

ÄSTHETIK PUR

Der Hildener Gartendesigner Peter Janke verbindet wie wenige andere Pflanzenwissen mit einer ästhetisch-formalen Gestaltung. Sein Werdegang unterscheidet sich in verschiedener Hinsicht von dem anderer Gartenplaner und -architekten.

Pflanzen und Garten liegen Peter Janke im Blut. Aufgewachsen in Hilden bei Düsseldorf wuchs er in der elterlichen Stauden-, Schnittblumen- und Topfpflanzengärtnerei auf, die er im Alter von nur 22 Jahren übernahm. Gerade einmal acht Jahre später drängte es ihn ins Ausland, nach England. Wohin auch sonst, wenn man eine solche Leidenschaft für Pflanzen entwickelt. 2003 und 2004 arbeitete Janke in Elmstead Market in Essex bei Beth Chatto, es folgten Pflanzenerkundungsreisen in alle Welt, um Pflanzengemeinschaften an den Naturstandorten zu studieren und die bei Chatto erworbenen Kenntnisse der Lebensbereiche zu vertiefen, bevor er dauerhaft nach Deutschland zurückkehrte.

SCHAUGARTEN UND GÄRTNEREI

2006 begann er, ein 1,4 ha großes Grundstück in Hilden zu gestalten. Das Gelände bot aufgrund der Lage und der unterschiedlichen Bodenverhältnisse die einzigartige Möglichkeit, auf einer überschaubaren Fläche Gartenräume und Gartenbereiche anzulegen, die unterschiedlicher nicht sein können. Während im vorderen Bereich ein Schotterband, ein eiszeitliches Relikt eines ehemaligen Rheinarms, die perfekte Grundlage für Jankes legendären Kiesgarten bot, gedeihen im hinteren Bereich, der an einen Auwald angrenzt, Schatten- und Waldpflanzen auf dauerfeuchtem Boden. Der Grundwasserspiegel ist in normalen Jahren so hoch, dass die Bachläufe und Teiche dort ohne Abdichtung auskommen und sich von alleine füllen.

Der Garten, in dem mittlerweile weit über 4.500 verschiedene Pflanzenarten gedeihen, ist Schaugarten, Experimentierfeld, Pflanzensammlung und Mutterpflanzenquartier in einem. 2008 übernahm Janke die berühmte *Helleborus*-Sammlung von Helen Ballard und Gisela Schmiemann mit allen Wildarten und Hunderten Sorten. Dazu kommen in der Hortvs-Sammlung bis heute etwa 500 verschiedene Schneeglöckchen (*Galanthus*), rund 40 Arten und Sorten des Salomonssiegels (*Polygonatum*), ebenso viele Wiesenrauten (*Thalictrum*), 25 Kobralilien oder Feuerkolben (*Arisaema*), 20 Arten und Sorten der Gattung *Libertia*, die im milden Klima am Niederrhein genauso zuverlässig winterhart sind, wie gut 55 verschiedene Agapanthus. Weitere Sammlungsschwerpunkte sind Elfenblumen (*Epimedium*) mit über 50 Kulitvaren, Chinaschilf (*Miscanthus*) mit rund 30 Arten und Sorten sowie über 100 verschiedene Farne. Insgesamt umfasst das Sortiment etwa 1.200 bekannte und unbekannte Stauden, Gräser und Gehölze, die in einer eigenen Raritäten- und Wildpflanzengärtnerei in kleinen Stückzahlen vermehrt, und vor Ort angeboten werden.

Ergänzt wird das Pflanzenangebot durch einen Gardenshop mit Nützlichem und Schönem für Haus und Garten sowie ein attraktives Floristikangebot, bei dem bevorzugt natürlich wirkende Schnittblumen angeboten werden, die die aktuellen Jahreszeiten widerspiegeln und von regionalen Schnittblumengärtnereien produziert werden.

Mehrmals im Jahr finden im Frühjahr und Herbst besonderer Pflanzenmärkte mit Gartenführungen und Vorträgen statt, die viele Hundert Besucher anziehen.

Hochsommerliche Impressionen
Zwischen den gelben Wunderblühern Sonnenhut *(Rudbeckia)* und Goldrute *(Solidago)* tanzen malerisch die Blüten des hohen Eisenkrauts *(Verbena bonariensis)*.

NEW GERMAN GARDEN STYLE

Der naturalistische Gestaltungsstil machte Deutschland vor etwas über 20 Jahren zum Mekka der Staudenszene. Üppige Blütenstauden und deren charmante Begleiter werden naturnah präsentiert, dürfen sich in passenden Lebensbereichen und Pflanzgemeinschaften wohlfühlen. So entsehen rund ums Jahr attraktive Gartenbilder.

Wer an üppig blühende Staudenbeete denkt, hat mit ziemlicher Sicherheit erst einmal die klassischen englischen Mixed Borders vor Augen, in denen Stauden hauptsächlich nach Farben kombiniert werden. Mit der Naturgartenbewegung in den 1980er Jahren des 20. Jahrhunderts kamen jedoch auch die weniger »protzigen« Wildstaudenpflanzungen in Mode. Aus den USA schwappte die Idee des Präriegartens nach Europa. In den Niederlanden wurde der Gartengestalter Piet Oudolf in den 1990er Jahren für seine wunderbaren Bepflanzungen mit Ziergräsern und skulptural wirkenden Stauden bekannt. Der typische Oudolf-Stil wird dem »Dutch Wave« zugeordnet, der seit den 1990er Jahren Furore macht. In dieser niederländischen Gestaltungsart wird Wert auf den malerischen Ausdruck einer Pflanzung gelegt. Stauden und Gräser werden eher block- oder mosaikartig im Beet verteilt. Auch in Deutschland, wo man die Staudenverwendung nach Lebensbereichen dank der Forschungsarbeit von Dr. Richard Hansen längst praktizierte, wurde der Wunsch nach einer naturnahen, aber trotzdem attraktiven Staudenverwendung laut. Auch hier entstand ein neuer Stil, der so genannte »New German Garden Style«, der auf wissenschaftlichen-akademischen Grundlagen beruht und einen stärkeren ökologischen Aspekt hat als der Dutch Wave. Dr. Hans Simon und Professor Urs Walser sorgten mit vielen naturalistischen Beetgestaltungen für Gartenschauen für die Verbreitung des neuen Stils. Und nicht zuletzt Prof. Cassian Schmidt machte den New German Garden Style immer bekannter.

NEUE STILRICHTUNG

Die neue Art der Staudenverwendung ist ein naturalistischer Bepflanzungsstil, der alle Facetten der Staudenschönheit zeigen möchte, vom Austrieb über Blüte bis zum Herbst- und Winterbild. Die Pflanzungen sollen naturnah wirken, inspiriert von natürlichen Pflanzengemeinschaften wie beispielsweise der Nordamerikanischen Prärie. Die Veränderungen im Miteinander der Pflanzen sollen erlebbar werden: Manche Stauden breiten sich weiter aus, andere ziehen sich zurück oder verschwinden ganz. Stauden verweben sich ineinander, ergänzen sich in der Blütezeit. Ein Bepflanzung im New German Style ist und darf dynamisch sein, dem Wechsel der Jahreszeiten folgend, aber auch im Laufe seiner gesamter Lebensdauer – von Jahr zu Jahr.

Im Gegensatz zur Naturgartenbewegung der 1980er Jahre werden beim New German Style nicht nur einheimische Stauden verwendet, sondern es kommen auch passende Wildstauden aus anderen Regionen der Welt mit ähnlichen Standortansprüchen zum Einsatz. Eine Ästhetik, eine imposantere Optik, soll erzielt werden, die trotzdem naturnah und zugleich harmonisch wirkt. Speziell der Jahreszeitenaspekt und die Entwicklungsdynamik unterscheiden den New German Style von der traditionellen Art der Staudenverwendung und machen ihn so attraktiv.

LEGERER STIL

Die modernen Staudenbeete zeigen eine lässige Mischung aus Solitär-, Gruppen- und Bodendeckerstauden, die von Sträuchern, Ziergräsern und Blumenzwiebeln ergänzt wird. Immer wieder ergeben sich Blütenhöhepunkte und die leicht hügelige Staudenlandschaft soll wie von der Natur zusammengesetzt wirken – ein attraktives Blütenmeer mit Wiesencharakter. So ganz anders als die typischen Englischen Borders, die sich durch eine perfekte Höhenstaffelung, formale Rahmen und strenge Gruppenpflanzungen auszeichnen. Und manchmal in der Tat recht gewagte Kombinationen aus hochgezüchteten Blütenstauden und auffälligen Blattschmuckstauden zeigen.

RUND UMS JAHR

Das Blütenjahr beginnt mit Zwiebelblumen, zum Beispiel Krokussen, Kaiserkronen *(Fritillaria),* Traubenhyazinthe *(Muscari),* Narzissen und Tulpen, die durchaus zahlreich in Pflanzungen verteilt werden dürfen. Für Blütenhöhepunkte im Spätfrühling und Sommer können Sie an sonnigen Standorten zum Beispiel mit Wolfsmilch *(Euphorbia griffithi),* Ziest-Arten *(Stachys),* Duftnesseln *(Agastache),* Schaf-Garbe *(Achillea),* Katzenminze *(Nepeta),* Steppenkerze (*Eremurus),* Brandkraut *(Phlomoides),* Iris, Zier-Lauch *(Allium),* Steppen-Salbei *(Salvia nemorosa),* Spornblumen *(Centranthus)* oder Taglilien *(Hemerocallis)* sorgen. Im Spätsommer und Herbst treten dann Sonnenhut *(Rudbeckia),* Goldrute *(Solidago),* Fetthenne *(Hylotelphium),* Astern, Roter Sonnenhut *(Echinacea)* und Blütenstände der Ziergräser wie Diamant-Reitgras

Traumtänzer im Staudenballett

So beschwingt können Staudenkombinationen wirken, wenn sich der Orientalischer Mohn (*Papaver orientale* 'Showgirl') von violettem Steppen-Salbei (*Salvia nemorosa* 'Amethyst') und der Spornblume (*Centranthus ruber* 'Coccineus') umschmeicheln lässt.

Spiel aus Farben und Formen | links
Im Herbst gibt es noch einmal einen Blüten und Laubschmuckhöhepunkt, bevor die Beete in die Winterruhe gehen.

Robust und trockenresistent | unten links
Knöteriche *(Bistorta)* sind überraschend robust und erholen sich nach Trocken- und Hitzeperioden gut.

Lange Blütezeit | unten rechts
Wenn der großteil der hierzulande vorkommenden Wildstauden abgeblüht ist, kommen nordamerikanische und ostasiatische Stauden noch einmal richtig los, wie diese Rudbeckine und Storchschnäbel.

(Calamagrostis brachytricha), Lampenputzergras *(Pennisetum),* Chinaschilf *(Miscanthus),* Federgras *(Stipa),* Rutenhirse *(Panicum)* und Schwingel *(Festuca)* in den Vordergrund. Für einen schönen Winteraspekt dürfen Gerüstbildern wie Ziergräser und Stauden mit attraktiven Samenständen oder standfesten, trockenen Blütenständen im Herbst keinesfalls entfernt werden.

ANSPRÜCHE UND PFLEGE

In Gegensatz zu den anspruchsvollen Bordern, die nährstoffreiche Böden erfordern, entwickelt sich derart naturalistische und standortgerechte Beete besser auf eher trockenen, mageren Boden. Hier werden die Pflanzen nicht so mastig, das heißt sie entwickeln weniger weiche Blattmasse, und sind deshalb standfester, langlebiger und weniger krankheitsanfällig.

Spezielle Staudenmischungen für diesen Gestaltungsstil, oder vielleicht sogar besser gesagt für die Verwendungsart, bietet der Handel bereits an. Es gibt Zusammenstellungen für sonnige, mit Schotter abgemagerte Flächen, Mischungen mit Landhausflair oder ein Stauden-Mix für den Schatten. Der Pflegeaufwand für die naturnahen Staudenbeete, wenn sie denn erst einmal eingewachsen sind, ist relativ gering, erfordert aber gewisse Pflanzenkenntnisse, weil nur mit vorsichtiger Hand gepflegt wird: Aufkommendes Unkraut sollten Sie natürlich zupfen und bei Bedarf den Ausbreitungsdrang mancher Staudenarten durch ein beherztes Abstechen mit dem Spaten etwas eindämmen.

Üppige Leichtigkeit

Lampenputzergras *(Pennisetum),* Hohe Fetthenne *(Hylotelephium),* Eisenkraut *(Verbena bonariensis)* und Goldrute *(Solidago)* wirken üppig und leicht zugleich.

Gedüngt wird nur zurückhaltend. Stauden dürfen sich aussäen, nur wirklich massenhaft auftretende Sämlinge werden entfernt oder schon vorher die Samenstände abgeschnitten. In der Anwachszeit eines Beets sollte bei Trockenheit gewässert werden. Wer die Pflege wirklich auf ein Minimum reduzieren möchte, überlässt während der Wachstums- und Blütezeit den Staudenbeeten ihrer natürlichen Dynamik und schneidet erst im Frühjahr das Beet radikal zurück.

Das kann sogar, wie im öffentlichen Grün, durch ein Abmähen mit der Motorsense oder einer Heckenschere geschehen.

ÖFFENTLICH UND PRIVAT

Zunächst wurden neuere Staudenkombinationspflanzungen vornehmlich im öffentlichen Grün errichtet, weil man speziell hier langlebige, an den Standort angepasste, funktionierende und pflegeleichte Pflanzenzusammenstellungen mit Stauden benötigte. Der New German Garden Style entstand also nicht zuletzt auch aus praktischen Erwägungen heraus, ergänzt diese aber durch die Integration üppiger Prachtstauden. Einige Vorzeigeprojekte der modernen Pflanzenverwendung konnten innerhalb der letzten 30 bis 40 Jahre realisiert werden: die von Rosemarie Weisse geplanten Staudenbeete im Münchener Westpark, der Schau- und Sichtungsgarten Hermannshof in Weinheim. Und als neuere Projekte seien die Anlage einiger Staudenbeete am Goethestern in Kassel, einem Verkehrsknotenpunkt, und der neue große Staudengarten auf der Insel Mainau im Bodensee erwähnt.

Alle diese Projekte bieten tolle Anregung – auch für den Privatgarten – und machen Lust auf die naturalistische Staudenverwendung. Wichtig ist, dass ein derart geplantes Gartenbeet nicht zu klein ist, denn die Stauden brauchen Platz zur freien Entfaltung und müssen ein dynamischen Miteinander ausleben können.

TILL HOFMANN & FINE MOLZ

Vor 25 Jahren gründeten Fine Molz und Till Hofmann »die Staudengärtnerei«, die sich seit 2017 im fränkischen Rödelsee befindet.

»Ich liebe die Vielfalt an Stauden und Gräsern, die wir hier selbst ziehen. Stimmungsvolle Gärten mit Duft und Farben für die Insektenvielfalt zu gestalten, ist schon allein ein Grund, morgens aufzustehen.«

Staudenpracht trotz Hitze und Trockenheit

Die Schauanlagen rund um die Gärtnerei in Rödelsee bieten zahlreiche Inspirationen für den eigenen Garten.

NACHHALTIG & NATURNAH

Die Staudengärtnerei setzt zeitgemäß auf ein klimaresistentes und pflegereduziertes Sortiment an attraktiven Stauden und Gräsern.

Für den Rundgang durch die Gärtnerei und die umgebenden Staudenpflanzungen, die als Experimentierfelder für neue Pflanzen und Kombinationen dienen, muss man sich Zeit nehmen, so vielfältig sind Sortiment und Angebot, so faszinierend schön die Themenbeete, die inmitten und rund um die Gärtnerei angelegt sind. Doch »die Staudengärtnerei« von Fine Molz und Till Hofmann war nicht immer in Rödelsee im unterfränkischen Landkreis Kitzingen. 2017 zog das Paar mit Mitarbeitenden und den Kindern und rund 100.000 Pflanzen aus der alten Gärtnerei im Odenwald an den Fuß des Schwanbergs.

Die Erfahrungen von Till Hofmann als ehemaliger Headgardener gemeinsam mit dem damaligen Leiter Cassian Schmidt im Sichtungsgarten Hermannshof in Weinheim machte, finden Eingang in die Entwicklung der Gärtnerei. Der Fokus liegt auf Natürlichkeit und Nachhaltigkeit, gefragt sind außerdem neue Ideen, Pflanzen und Pflegekonzepte für dauerhafte Staudenpflanzungen. In der Gärtnerei wird dies vom Anfang der Kultur bis zur neuen Heimat der Stauden und Gräser gelebt. Eine torf- und giftfreie Kultur von standortgerechten Pflanzen sind garant für ein für die Gartenverwendung geeignetes Spitzensortiment. Der Austausch mit Gleichgesinnten ist dabei von essentieller Bedeutung, um fachlich auf dem neuesten Stand zu bleiben. Till Hofmann ist Vorsitzender des Vereins für Staudenzüchtung und Sortimentsentwicklung Perenne e.V., und gibt sein Wissen gemeinsam mit seiner Frau Fine Molz auf Vorträgen und beim Austausch mit Kollegen weiter.

Ein besonderes Interesse gilt Neuheiten für die Gestaltung nachhaltiger und resilienter Gärten. Und das schon aus Eigennutz, denn die Gärtnerei befindet sich in einer der heißesten und niederschlagsärmsten Weinbauregionen Deutschlands. Die anstehenden Gipskeuperböden weisen einen hohen Mineralstoffgehalt auf und eignen sich gut für den Weinbau. Dieser »Minutenboden« lässt sich nur nach Niederschlägen im Frühjahr oder Herbst bearbeiten. Bei der Gestaltung der Staudenbeete greifen die beiden auf einen Gärtnertrick zurück: Auf die zukünftigen Pflanzflächen wird eine 15–20 cm dicke Sandschicht aufgetragen, in die die Stauden und Gräser gepflanzt werden. Der Wurzelhals befindet sich im luftigen Sand, während die Wurzeln im feuchten Boden darunter verankert sind. Dadurch wird eine Konkurrenzsituation mit Unkraut vermieden. Die Staudenquartiere in der Gärtnerei werden von vielfältigen Themenbeeten aus trockenheitsverträglichen Pflanzen im naturhaften Stil eingerahmt. Hier werden verschiedene Pflanzkombinationen getestet, die sich als dauerhaft funktionierende Gartenelemente etablieren sollen. Es gibt einen »Fränkischer Hügel« mit heimischen Wildstauden, die Kombination »Sommerhimmel« fasziniert mit lichten Blautönen und Weiß sowie den wolkigen-kugeligen Wuchsformen. Und im Pflanzvorschlag »Wild-West« sorgen Wildstauden aus den Prärien Nordamerikas für eine artenreiche, insektenfreundliche Mischpflanzung im ungezwungenen Wiesenstil.

Schneezauber

Die zarte Wintersonne durchleuchtet vorsichtig die schneebedeckten Blütenstände von Stauden und Ziergräsern.

Feuer und Flamme
Die im »New German Style« geplante Staudenanlage auf der Insel Mainau.

STAUDEN AUF DER MAINAU

Auch auf der traditionsreichen Blumeninsel Mainau im Bodensee können Sie seit dem Jahr 2010 eine imposante Staudenanlage bewundern, die dem Trend des New German Garden Styles folgt. Auf einer Fläche von rund 4.000 Quadratmetern entstand eine Pflanzung, in der Staudengemeinschaften entsprechend den jeweilgen Standorten zusammengestellt wurden. Die Beetflächen liegen unweit des Südufers der Insel auf dem Gelände eines ehemaligen Roseninformationsgartens, malerisch eingerahmt von Weinbergsmauern und mit Sicht auf den Bodensee.

An der Planung und Finanzierung war neben der Mainau auch die Gesellschaft der Staudenfreunde e.V. beteiligt. Das Grundkonzept und die Pflanzplanung für die neue Gartenanlage mit über 20.000 Stauden in rund 800 Sorten und Arten lieferte Prof. Dr. Stefan Körner und sein Team von der Universität Kassel. Bei der Planung wurde sowohl auf die Langlebigkeit der Staudengemeinschaften als auch auf die Verwendung von alten und neuen »Stauden-Klassikern«, unter Berücksichtigung von Empfehlungen der Fachgruppen der Gesellschaft der Staudenfreunde besonderen Wert gelegt. Zu den Klassikern gehören so bewährte Gartenstauden Margeriten, Iris, Pfingstrosen, Phlox oder Orientalischer Mohn. Als neue Klassiker sehen die Planer zum Beispiel die noch nicht so bekannten, aber ausdrucksstarken Duftnesseln *(Agastache)*, moderne Taglilien-Sorten *(Hemerocallis)* oder winterharte Schmucklilien *(Agapanthus)*.

Rund ums Jahr kann man nun die Dynamik dieser artenreichen Staudengesellschaften erleben, Farbkombinationen entdecken und sich vom Facettenreichtum begeistern lassen. In klar gegliederten Beeten werden durchaus Prachtstauden wie Pfingstrosen und Taglilien präsentiert, aber nicht so protzig wie in klassischen Prachstaudenbeeten, sondern in lieblichen, naturhaften Pflanzkombinationen, die auch an den jeweiligen Lebensbereichen der Stauden angepasst sind. Trotzdem bleibt ein Beetcharakter erhalten, der durch passende Staudenauswahl an trockenen Randbereichen ein mediterranes Ambiente erhält. In Bereichen unter Gehölzen darf sich eine waldartige Krautschicht entwickeln.

Die Farbgebung in den Beet zeigt sich abwechslungsreich: Warme Farben spielen jedoch die Haupt

Leicht und locker | rechts
Die Staudenanlage auf der Mainau wird von alten Weinbergsmauern begrenzt und ist hervorragend ausgeschildert.

Üppig wie im Prachtstaudenbeet | unten
Großfl ächige Staudengruppen setzen kräftige Farbakzente im herbstlichen Staudengarten.

rolle. Gelb, Orange und Rot findet man beispielsweise in Beeten mit verschiedenen Gold-Garben (*Achillea filipendulina* in Sorten), Mächenauge *(Coreopsis verticillata),* Montbretien *(Crocosmia),* Fackellilien *(Kniphofia),* Stauden-Sonnenblumen *(Helianthus)* und Sonnenauge *(Heliopsis).* Kühlere, romantische Kombinationen bilden sich mit Weiß, Blau, Violett und Rosa. Solche dezenteren Pflanzbereiche wurden mit Flammenblumen *(Phlox paniculata),* Steppen-Salbei *(Salvia nemorosa)*, Blut-Weiderich *(Lythrum salicaria),* Katzenminze *(Nepeta × faassenii),* Rotem Sonnenhut *(Echinacea purpurea),* Duftnesseln *(Agastache)* Indianernesseln *(Monarda)* und Winterastern *(Chrysanthemum indicum)* verwirklicht.

Die Jahreszeiten lassen sich mit den unterschiedlichen, langsam ineinander übergehenden Blütenhöhepunkte wunderbar nachvollziehen: Im Frühjahr blühen Krokusse, Tulpen und Narzissen. Dann folgen Pfingstrosen, bevor Steppen-Salbei und Zier-Lauch den Frühsommer markieren. Im Spätsommer wird es feurig mit Sonnenhut *(Rudbeckia),* Sonnenbraut *(Helenium),* Mädchenauge und Stauden-Sonnenblumen und einigen violetten Tupfern mit Eisenkraut *(Verbena bonariensis).* Im Herbst kann man sich an den edlen Rosa-, Violett- und Blautönen vieler Astern erfreuen.

Als Gerüstbilder ergänzen Ziergräser und Gehölze mit Rindenschmuck wie die Dotter-Weide *(Salix alba* var. *vitellina)* die Beete. Formal geschnittene Heckena us Rotbuchen mit kupferfarbenen Winterlaub und immergrüne, dunkelgrüne Eibenhecken kontrastieren wunderbar mit den farbintensiven Staudenbepflanzung und sorgen zusätzlich für winterliche Blickfänge.

Für jeden Standort
Egal ob Schatten (oben) oder sonnige Freifläche: Für alle Lebensbereiche gibt es unterschiedliche Staudenmischungen.

STAUDEN-MISCHUNGEN

Attraktiv und artenreich, für jeden Standort, vielseitig und pflegeleicht.

Mischpflanzungen sind eine wunderbare Möglichkeit, um ganz einfach eine vielfältige und lebendige Staudengemeinschaft zu gestalten. In Mischpflanzungen werden die für einen bestimmten Standort vorgesehenen Arten mit genau festgelegten Mengenanteilen und Stückzahlen pro Quadratmeter als Pflanzlisten angegeben. Die Staudenmischungen wurden von erfahrenen Pflanzenverwendern entwickelt, die sich in Arbeitskreisen beim Bund deutscher Staudengärtner intensiv austauschen. Dabei wurden verschiedene Pflanzenkombinationen entwickelt, die ohne weitere Planung umgesetzt werden können. Wrklich praktisch, denn so entfällt der Aufwand für das Erstellen eines Pflanzplans und eine aufwändige Übertragung des Plans in die Fläche. Das Prinzip der Verteilung der Pflanzen über die Fläche ist die Mischpflanzung. So können auch weniger erfahrene Pflanzenverwender ganz einfach stimmige Pflanzbilder erzeugen – und das schon bei einer Mindestflächengröße.

Attraktive Beete das ganze Jahr

Staudenmischungen sind ganzjährig attraktiv, denn sie überzeugen durch die unterschiedlichen Aspekte der Pflanzen: Blüte, Blatt und Struktur. Stängel und Triebe sorgen dafür, dass die Pflanzung auch im Winter ansprechend wirkt. Ein Rückschnitt ist erst zum Ende des Winters vor dem Austrieb der Geophyten Zwiebelblumen) notwendig. Diese Frühjahrsblüher sorgen für die erste Blüte, während sich die verschiedenen Blütenstauden über die Vegetationsperiode verteilen.

Dauerhaft und stabil

Dynamische Bepflanzungen verändern sich über die Jahre – das ist ein natürlicher Prozess, den man bei jeder statisch angelegten Staudenpflanzung beobachten kann. Durch die Pflege werden die Pflanzungen so begleitet, dass Ordnung, Struktur und Vielfalt der Pflanzung erhalten bleiben.

Für jeden Standort und Geschmack

Ausgehend vom Prinzip der Lebensbereiche gibt es unterschiedliche Mischungen für sonnige, halbschattige und schattige Standorte, feuchte und trockene Böden entwickelt. Für jeden dieser Standorte gibt es unterschiedliche Mischungen und Kombinationen, sodass keine Wünsche offenbleiben, was Farbe und Wirkung angehen. Und natürlich bieten alle Staudenmischungen Nahrung und Lebensraum für Insekten und andere Tiere.

STAUDEN-MISCHUNGEN

Bund deutscher Stauden-
gärtner (BdS)
Bornheimer Strasse 37
53111 Bonn

www.staudenmischungen.de

AGLAJA VON RUMOHR

Stolz kann die Inhaberin der Traditionsgärtnerei Gräfin von Zeppelin auf eine fast 100-jährige Firmengeschichte zurückblicken.

»Ich bin ein Farbenmensch, deshalb liebe ich auch die Stauden so. Die Nuancenvielfalt ist einfach fantastisch und mit Farben zu gestalten, beglückt mich immer wieder aufs Neue. Meine Lieblingsfarbe ist die meiner Mutter: Blau – das leuchtende, mystische Blau so mancher Iris und Rittersspornsorten.«

Prachtstauden aus Sulzburg-Laufen

Hemerocallis 'Karine von Rumohr'
Papaver orientale 'Marlene'
Paeonia 'Gräfin von Zeppelin'

MIT KOPF & HERZ

Feinfühlig, gradlinig und erfolgreich leitet Aglaja von Rumohr die Staudengärtnerei Gräfin von Zeppelin, die weltweit für ihr Sortiment an Iris, Pfingstrosen, Taglilien und Türken-Mohn bekannt ist.

Kaum ein Staudenfreund kennt ihn nicht, sei es nur von Fotos oder in natura: den Anblick der blühenden Irisfelder in zarten Farben von Himmelblau über Porzellanrosa und Apricot bis Zitronengelb oder Auberginenviolett. Diesen optischen Hochgenuss haben wir einer starken Frau zu verdanken. Aglaja von Rumohr trat 1993 in die sehr großen Fußstapfen ihrer Mutter, der bekannten Iriszüchterin Helen Gräfin von Zeppelin, die 1926 die Gärtnerei gegründet hatte. Tochter Aglaja übernahm die Staudengärtnerei im südbadischen Sulzburg-Laufen und baute die weltbekannte Gärtnerei immer weiter aus. Es enstanden ein Buchladen für Gartenliteratur – mittlerweile eine der größten Fachbuchhandlungen Deutschlands –, außerdem eine stilvolle Abteilung mit Accessoires und Werkzeugen und sogar ein Kulturzentrum mit Café und Seminarräumen. Das alles erreichte Aglaja von Rumohr mit viel Kreativität und Engagement, obwohl ihr der »grüne« Enthusiasmus ihrer Mutter fehlte. »Ich hatte einfach nie das Gefühl, dass ich Gärtnerin werden musste. Obwohl ich stets gern während der Ferien in der Gärtnerei geholfen habe«, verrät sie. »Meine Liebe galt dem Lesen. Ich habe immer gelesen, sogar während des Unterrichts.«

Kein Wunder also, dass sie statt Gärtnerin zu werden erst einmal eine Lehre als Buchhändlerin machte. Als sie dann jedoch die Leitung der Familiengärtnerei übernahm, holte sie sich gärtnerische Unterstützung durch Fachkräfte und hat mit den Jahren ein gut funktionierendes Team aus fast 40 Mitarbeitern zusammengefügt. Das bemerkenswert breite Sortiment ihrer Gärtnerei umfasst nahezu 3.000 Arten und Sorten, davon allein 500 Schwertliliensorten (*Iris*), 300 Tagliliensorten (*Hemerocallis*) und 200 Pfingstrosensorten (*Paeonia*). Vom Türken-Mohn (*Papaver orientale*), für den die Gärtnerei berühmt ist, musste man sich leider verabschieden, seitdem die Pflanzen von einem neuen Mehltaupilz, für den es keine Behandlung gibt, hinweggerafft werden.

Aglaja von Rumohr ist eine Macherin, und führte mit Mut, Zielstrebigkeit und einem guten Gespür für Zwischenmenschliches das Stauden-Unternehmen. »Glücklicherweise muss ich wenig Bürotätigkeiten erledigen«, berichtet sie. »Mein Lieblingsplatz ist zwischen meinen Büchern, direkt an der Kasse.« Hier kann sie interessante Gespräche führen und »den ungeduldigen Männern schon einmal den Weg ins Café weisen, während deren Frauen noch Bücher und Accessoires durchstöbern«.

Heute trifft man Aglaja von Rumohr weniger im Laden, als mit einer Schere bewaffnet durch die Gärtnerei streifend. Dann ist sie auf der Suche nach Blumen für ihre barocken Straußkreationen, mit denen die Verkaufsräume stilvoll geschmückt werden. Diese grüne Leidenschaft gehört wahrlich zur Familientradition. Schon zu Kindheitstagen erschuf sie gemeinsam mit ihrer Mutter und ihrer Schwester üppige Sträuße voller Päonien und Iris

Aglaja von Rumohr konnte zwei ihrer Vorlieben an die nächste Generation weitergeben: Bücher und Stauden. Ihre Tochter Karine machte eine Lehre als Staudengärtnerin, studierte Germanistik, verfasste bereits Bücher mit Iris-Gedichten sowie über Frauen und deren Gärten. Und ihr Sohn Frederik trat 2013 in die Geschäftsleitung ein und übernahm 2014 die Gärtnerei. Die Zukunft der Stauden in Sulzburg-Laufen ist also gesichert.

Gräser im Garten | rechts
Das Kleine oder Moor-Pfeifengras (*Molinia caerulea* 'Heidezwerg') hat eine fantastische Herbstfärbung und setzt formale wie naturalistische Akzente.

Beschwingt | unten
Chinaschilf *(Miscanthus)* wächst schnell zu hohem Sichtschutz. Im Vordergrund Wasserdost *(Eupatorium).*

GRÄSER

Riesengräser und Polsterzwerge – die Vielfalt der Gestaltungsmöglichkeiten mit Gräsern im Garten ist unerschöpflich.

Die Bandbreite der Gräserformen reicht von ornamentalen Riesengräsern, die eine Höhe bis zu 4 Metern erreichen, bis hin zu Polsterzwergen, die sich zwischen Felsspalten verstecken können. Viele Gräser fallen durch ihren prägnanten Habitus auf. Manche wachsen straff aufrecht, andere hingegen bogig überhängend, manche auch fast fließend bis zum Boden wie ein Wasserfall. Diese auffälligen Wuchsformen lassen sich bewusst als Gestaltungselemente im Garten einsetzen, sowohl in Kombinationen untereinander als auch im Zusammenspiel mit Stauden und Gehölzen.

Elegant überhängende Großgräser benötigen genügend Platz, um richtig zur Geltung zu kommen. Man sollte ihnen daher einen Platz im hinteren Bereich einer Pflanzung und dort an der Seite zuweisen, damit sie nicht von den Nachbarpflanzen von allen Seiten bedrängt werden. Besonders attraktive Gräser mit bogenförmigem Wuchs wie zahlreiche Miscanthus-Sorten kommen am besten zur Wirkung, wenn man sie zwischen niedrigere Partner pflanzt. Auf diese Weise können sie sich ihrem Habitus gemäß ausbreiten.

Niedrige, polsterförmig wachsende Gräser wie die meisten Festuca-Arten kommen am besten in kleinen oder auch größeren Gruppen zur Geltung. Gerade in Steinanlagen oder auf Kiesflächen bilden sie einen schönen Kontrast zu den harten Materialien. Sie umschmeicheln eckige Gesteinsbrocken und umspielen gerade Linien an Mauern und Wegen.

Auch die überhängend wachsenden Arten für den Vordergrund von Beeten vermitteln zwischen Pflanzen und baulichen Gegebenheiten. Ecken und Kanten verschwinden gnädig unter sanften Bögen.

Mit einzelnen Gräsern und kleinen Gruppen lassen sich punktgenau Akzente setzen. Sie lassen sich wie Ausrufezeichen verwenden, als Blickfänge, die den Blick auf sich lenken, aber auch als wiederholende Eyecatcher zwischen relativ gleichförmigen Pflanzengruppen. Die prägnantesten Akzente lassen sich mit hohen, straff aufrecht wachsenden Gräsern setzen. Sie übernehmen eine Leuchtturm-Funktion im Gräser- oder Blumenmeer. Gerade die Fernwirkung einer Pflanzung lässt sich durch den gezielten Einsatz von standhaften Riesen einfach erhöhen. Dabei gelten die gleichen Regeln wie bei Gestaltung einer klassischen Rabatte: eine harmonische Pflanzung entsteht durch die Kombination von Leitstauden und Füllpflanzen, geschickte Höhenstaffelungen und einen spannungsreichen Aufbau durch horizontale und vertikale Elemente.

GRÄSER ALS AKZENTE

Bei der Auswahl der Gräser achtet man immer darauf, dass diese genügend konkurrenzstark sind und sich genügend Wurzelraum zwischen den Bodendeckern erobern können. Die verwendeten Gräser sollten selbst nicht bodendeckend sein, damit die gewünschte Akzentuierung nicht mit der Zeit verloren geht.

Wasser trifft Wildnis
Die ruhige Oberfläche des Wasserbeckens bildet einen eindrucksvollen Kontrast zu den üppigen Staudenrabatten.

DER FORMALE STAUDENGARTEN

Mit klaren Beetformen bekommen Gärten eine harmonische Ausstrahlung, die Sie durch geschmackvolle Staudenkombination noch unterstreichen können.

In Gärten mit geometrischen Formen kommen Stauden besonders gut zur Geltung. Solche wohlgeordnete Strukturen passen hervorragend in kleine Gärten, wo sie die Architektur des Hauses widerspiegeln. Die gerade Linienführung, ausgewogene Proportionen und eine häufig symmetrisch Anordnung der Beete wirkt sehr harmonisch. Stauden sorgen hier für die nötige Lebendigkeit. Sie bringen mit ihren Farben und Wuchsformen Schwung in die Gestaltung und kontrastieren so eindrucksvoll mit der strengen Formensprache. Welche Staudenarten und Sorten Sie pflanzen und welche Kombinationen Sie wählen, bleibt dabei Ihrem Geschmack überlassen.

BAUERNGARTEN-IDYLLE

Wer den Bauerngartenstil mag, kann seinen Garten mit einem klassischen Wegekreuz unterteilen und die vier so entstehenden Pflanzbeete mit typischen Bauerngartenstauden wie Phlox, Margeriten, Pfingstrosen oder Rittersporn bestücken. Als Beetumrandungen bieten sich niedrige Buchsbaumhecken, Findlinge, Klinkersteine, Polsterstauden wie Karpaten-Glockenblume *(Campanula carpatica)* oder kompakt wachsende Lavendel-Sorten, zum Beispiel 'Dwarf Blue', 'Hidcote Blue' und 'Munstead' an.

MODERNE PARADIESE

In modernen Gärten kommt die klare Formensprache besonders häufig zum Einsatz. Den Mittelpunkt eines Gartens kann zum Beispiel ein lang gestrecktes rechteckiges Wasserbecken bilden, das von einem fröhlichen, bunten Staudenbeet oder einem Ton-in-Ton-Ensemble begleitet wird. Wer einen eher schattigen Garten hat, kann am Rand von Wasserbecken auch die eindrucksvollen Blattstrukturen von Mammutblatt *(Gunnera),* Funkien *(Hosta)* oder verschiedenen Marbel-Arten *(Luzula)* wirken lassen.

Moderne Wellness-Oase

Beruhigend, aber keineswegs langweilig wirkt dieser kleine formale Garten. Die sanften Naturfarben der Mauer, des Wegs und der Möbel bilden den dezenten Rahmen für eine stilvolle Bepflanzung in Violett, Grün und Silbergrau.

FARBEN SCHAFFEN ATMOSPHÄRE

Durch die verwendeten Baumaterialien für Mauern, Wegebeläge, Wasserbecken oder Pergolen und Sichtschutzelemente werden formale Gärten stark geprägt. Lassen Sie Bauliches und Pflanzliches zu einer Einheit werden, indem Sie mit Blatttexturen und Blütenfarben den Gestaltungsstil unterstreichen. Wurde zum Beispiel mit sandsteinfarbenen Mauern und einem hellen Wegebelag gearbeitet, können Sie den mediterranen Charakter mit graulaubigen Stauden und Blüten in Hellgelb, Rosa und Violett betonen. Neben dunklen, fast schwarzen Bodenplatten einer Terrasse wirken feuerrote, orange oder gelbe Staudenschönheiten wie loderndes Feuer. Zu schlichten Kies- oder Schotterwegen in sanften Naturfarben passen Pflanzstreifen im Präriestil mit Stauden und vielen, vielen Gräsern.

BLICKFÄNGE IM MODERNEN STAUDENGARTEN

Mit diesem Trend-Stauden und deren Sorten setzen Sie Akzente im Garten:

- ***Fackellilie*** *(Kniphofia)* als Leitstauden: 'Ice Queen' (cremeweiß), 'Minister Verschuur' (orange), 'Green Jade' (grünweiß)
- ***Sterndolde*** *(Astrantia)* als Füllstaude im lichten Schatten: 'Claret' (rubinrot), 'Shaggy' (silberweiß), 'Ruby Wedding' (tiefdunkelrot)
- ***Roter Sonnenhut*** *(Echinacea)* als auffällige Farbkleckse in sonnigen Beeten: 'Magnus' (tiefpurpur-rosa), 'Fragant Angel' (weiß), 'Tomato Soup' (rot), 'Tiki Torch' (orange), 'Sunrise' (hellgelb)
- ***Indianernessel*** *(Monarda)* als Spätsommerblüher mit Präriecharakter: 'Purple Ann' (dunkelpurpurrot), 'Scorpion' (rosaviolett, große Blüte), 'Blaustrumpf' (dunkelviolett)
- ***Duftnessel*** *(Agastache)* als nicht immer langlebiger, aber umso farbenfroher Gast für Sonnenplätze: 'Apricot Sprite' (apricot, Winterschutz!), 'Black Adder' (grauviolett), 'Red Fortune' (karminrot)

PETRA PELZ

Die Landschaftsarchitektin Petra Pelz entwickelte die Pflanzenreich App, mit der Pflanzplanungen viel einfacher werden.

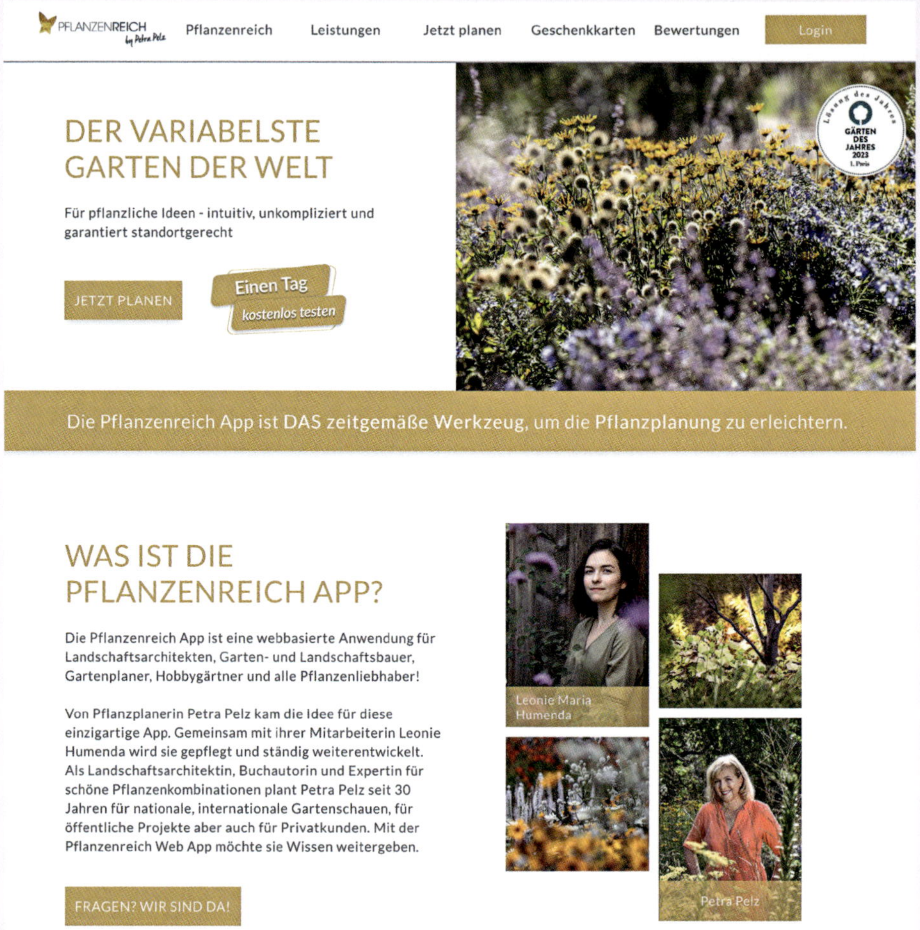

»Als Landschaftsarchitektin, Buchautorin und Expertin für schöne Pflanzenkombinationen plane ich seit 30 Jahren für nationale, internationale Gartenschauen, für öffentliche Projekte aber auch für Privatkunden. Mit der Pflanzenreich Web App möchte ich mein Wissen weitergeben. Gemeinsam mit meiner Mitarbeiterin Leonie Humenda wird die Pflanzenreich Web App ständig weiterentwickelt. «

Kein Garten ohne Stauden

Großflächige Staudenflächen mit Driften sind ein Markenzeichen der Pflanzungen von Petra Pelz.

PETRA PELZ

Die Pflanzplanung ist die Königsdisziplin in der Gartengestaltung, die viel Pflanzenkenntnis, Wissen und vor allem Erfahrung voraussetzt. Petra Pelz macht dies für alle verfügbar.

W

Weltweit sind bislang über 390.000 Pflanzenarten beschrieben worden. Dazu kommen Tausende gärtnerischer Züchtungen, Sorten, Hybriden und Selektionen. Diese beeindruckende Vielfalt ist auf der einen Seite faszinierend, andererseits kann ein solcher immenser Arten- und Sortenpool auch zu einer gewissen Überforderung führen. Welche Pflanze ist für welchen Standort geeignet? Welche Pflanzen lassen sich sinnvoll und effektiv miteinander kombinieren. Die Beantwortung erfordert ein umfangreiches Wissen sowie langjährige Erfahrung – über beides verfügt Petra Pelz zweifelsohne.

Die Landschaftsarchitektin, die insbesondere für ihre harmonischen Staudenkompositionen bekannt ist, hat eine webbasierte Anwendung für Computer, Laptops und Tablets entwickelt: die Pflanzenreich-App. Die Anwendung zielt darauf ab, Landschaftsarchitekten, Garten- und Landschaftsbauern, Gartenplanern, Hobbygärtnern und allen Pflanzenliebhabern die Auswahl der geeigneten Gehölze, Stauden und Gräser für die jeweilige Gartensituation zu erleichtern. Die Anwendung ermöglicht eine einfache, schnelle und effektive Auswahl von Pflanzen sowie die Erstellung standortgerechter Pflanzkombinationen, womit eine einfache Planung möglich ist.

Derzeit umfasst die Applikation über 7.000 Pflanzen, darunter Stauden, Gräser, Farne, Rosen, Blumenzwiebeln, Kletterpflanzen sowie Gehölze. Das Sortiment wird kontinuierlich angepasst, wobei aktuelle Herausforderungen an die Pflanzenverwendung, wie beispielsweise der Klimawandel, berücksichtigt werden. Die in der Datenbank gespeicherten Pflanzen lassen sich nach verschiedenen Kriterien filtern, darunter Lebensbereich, Bodenfeuchte, Lichtverhältnisse sowie Höhe, Blütenfarbe, Laubfarbe, Blütezeit und zahlreiche weitere Eigenschaften, beispielsweise Insektenfreundlichkeit, Trockenheitsverträglichkeit und Überflutungstoleranz. Dabei sind auch Kombinationen der genannten Kriterien möglich. Zu jeder Pflanze werden darüber hinaus detaillierte Informationen und Abbildungen bereitgestellt.

Die Zusammenstellung der Auswahl erfolgt auf dem Kreativboard mittels »drag-and-drop«, wodurch aussagekräftige Visualisierungen generiert werden. Blühzeiten-Kalender und Pflanzenübersichten werden automatisch generiert und können als Excel- oder PDF-Datei exportiert werden. Des Weiteren beinhaltet die Pflanzenreich-App Bilder renommierter Gartenfotografen, darunter Ferdinand Graf Luckner, Sylvia Knittel und Martin Staffler, die als Inspirationsquelle dienen.

Das Planungstool zeichnet sich durch eine einfache Anwendung aus und kann kostenlos und unverbindlich für einen Zeitraum von 24 Stunden getestet werden. Es wird empfohlen, das Tool zu testen, da es eine erhebliche Zeitersparnis bei der Pflanzenauswahl ermöglicht und darüber hinaus Freude an der Kreation neuer Kombinationen sowie an der spielerischen Aneignung von Wissen über Pflanzen, deren Bedürfnisse und die vielfältigen Möglichkeiten der Gestaltung bietet.

→ *www.pflanzenreich-app.de*

Mediterranes Trio
Schlicht, aber umso edler wirken diese drei Schalen mit den vornehmen Schwertlilien *(Iris).*

STAUDEN IN TÖPFEN UND KÜBELN

Stauden überzeugen auch als Topfbewohner. In pfiffigen Arrangements sorgen sie für Blickpunkte im Garten, bringen Blätter und Blüten auf Balkon und Terrasse und peppen jeden Vorgarten auf.

Nicht nur Beete voller Stauden machen Spaß, auch Töpfe voller Stauden werden immer beliebter. Als Topfkandidaten eignen sich diejenigen Stauden gut, die mit einem eingeschränkten Wurzelraum zurecht kommen, Ritterspornwurzeln mögen die Topfenge nicht so gern. Topfstauden sollten das ganze Jahr mehr zu bieten haben als nur die Blüte. Schönes Laub, eine malerische Wuchsform, eine tolle Herbstfärbung oder attraktive Samenstände sorgen für den gewünschten Mehrwert. Außerdem müssen die Stauden robust und krankheitsresistent sein.

VIELFÄLTIGE TOPF-IDEEN

Für jeden Gartenstil, für jede Jahreszeit, für alle Farbwünsche finden sich stimmungsvolle Topf-Arrangements. Lassen Sie Ihrer Kreativität freien Lauf. Im schattigen Vorgarten kann man zum Beispiel den Hauseingang mit großen Gefäßen voller pastellfarben blühender Prachtspieren *(Astilbe),* Purpurglöckchen mit bernsteinfarbenen Blättern (*Heuchera* 'Caramel' oder 'Amber Waves') oder grün-gelb-blättrigen Funkien *(Hosta)* aufhellen. Harmonisch wirkt stets ein Paar mit gleicher Bepflanzung und gleichem Topf, links und rechts neben der Haustür aufgestellt. Auf der sonnigen Terrasse können Sie Duftoasen mit ausdauernden Kräutern wie den verschiedenen Arten und Sorten von Minze *(Mentha),* Thymian *(Thymus)* oder Dost *(Origanum)* bestücken. Ein herrliches Aroma verströmen natürlich auch Lavendel, Duftnesseln *(Agastache)* sowie die Sorten von verschiedenen Phlox-Arten (*Phlox amplifolia, P. Arendsii*-Hybriden) und von Nelken-Arten *(Dianthus barbatus, D. gratianopolitanus).* An sehr sonnigen Bereichen können Sie Töpfe oder Schalen mit dickfleischigen sukkulenten

Sammelspaß im Schatten

Nicht nur Funkien-Liebhaber erfreuen sich an dieser prachtvollen Topfsammlung mit den großblättrigen Staudenstars. Netter Nebeneffekt: Die Pflanzen sind in den Töpfen relativ gut vor Schnecken geschützt.

TOPFGARTEN-PFLEGE

So bleiben Ihre Stauden in Gefäßen lange schön:

- Ausreichend große Töpfe auswählen
- Töpfe müssen ein Wasserabzugsloch im Boden haben.
- Frostfeste Töpfe wählen (echte Terrakotta-Ware, Kunststoff, Glasfasern, Stein, Metall)
- In Qualitätsblumenerde pflanzen
- Stauden alle drei bis vier Jahre teilen und umtopfen
- Im Frühjahr düngen
- Stets gut wässern, Wurzelballen sollten nicht austrocknen
- Im Winter Töpfe geschützt aufstellen und ggf. mit Noppenfolie oder Jutesäcke umwickeln

Stauden wie Fetthenne *(Sedum, Hylotelephium)* oder Hauswurz *(Sempervivum)* aufstellen. Für die meisten Beetstauden, zum Beispiel Katzenminze, Mädchenauge *(Coreopsis),* Sonnenhut *(Rudbeckia)* oder Roter Sonnenhut *(Echinacea)* ist einen Platz mit Morgen- oder Abendsonne ideal.

Wer es eher kühler und sachlicher mag, pflanzt Ziergräser, Farne oder Seggen *(Carex)* in moderne, eckige Gefäße und stellt sie als Einzelstücke oder in Dreier- oder Fünfer-Gruppen auf.

Außerdem lassen sich mit Staudentöpfen wunderbare Farbwelten oder jahreszeitliche Ensembles zusammenstellen. Ein Topfgarten bleibt immer mobil und ist relativ schnell umgestaltet. Wer den Platz hat, legt sich eine größere Auswahl an Staudentöpfen zu, damit er genussvoll und kreativ neue Arrangements ausprobieren kann – ist eine Staude gerade einmal nicht so schön, kommt sie in die hintere Reihe. Zur Blütezeit rückt sie wieder nach vorn!

C

CHRISTIAN H. KRESS

Christian H. Kreß bietet in seiner Staudengärtnerei »Sarastro« ein vielfältiges Sortiment, das er immer wieder mit vielen ungewöhnlichen Arten und ausländischen Sorten ausreichend.

»Im Staudenbeet sind mir spannende Kontraste ebenso wichtig wie farblich neuartige Kreationen. Die Lebensbereiche sollten die Basis bilden, aber kein Dogma sein, Experimentieren hat Vorrang. Bestes Vorbild hierbei ist Beth Chatto.«

Vielfalt in jeder Ecke

Der Schaugarten in Ort im Innkreis zeigt die ganze Fülle der Möglichkeiten, die Stauden im Garten bieten.

W

GÄRTNER MIT LEIB & SEELE

Christian H. Kreß ist der Mann fürs Besondere. Unermüdlich ist er auf der Suche nach unbekannten Staudenschätzen, um sie in das Sortiment seiner Gärtnerei aufzunehmen

Wie bei vielen »Staudenverrückten« begann die Liebe zu den ausdauernden Kräutern auch bei Christian H. Kreß schon in frühen Jugendzeiten. »Beim Wandern und Bergsteigen lernte ich die einheimischen Orchideen kennen«. So begann sein Leben und Arbeiten im Dienste der Stauden. Er absolvierte in Laufenburg in Baden-Württemberg eine Lehre im Gartenbau, arbeitete als Staudengärtner in der Schweiz und in den Niederlanden und wurde Gartenbautechniker.

Immer wieder begab und begibt er sich heute auch noch auf botanische Reisen rund um den Globus, bereiste etliche Länder rund um das Mittelmeer, den Orient und Kleinasien, den Indischen Subkontinent, Mexiko, Neuseeland und Nordafrika. Hier konnte er die Naturstandorte vieler Stauden erkunden und seiner zweiten Liebe, der Fotografie, nachgehen.

Im Alter von 38 Jahren gründete er seine Staudengärtnerei »Sarastro« in Oberösterreich im Städtedreieck Passau, Salzburg und Linz. Er baute ein stattliches Sortiment, auch an ausgefallenen Staudenschönheiten, auf. Besonders intensiv kümmert er sich um Gattungen, wie *Aster* und *Geranium*, aber auch um Besonderheiten wie *Anemone nemorosa* und *Delosperma*. Unermüdlich ist er auf der Suche nach unbekannten Staudenschätzen. »Mir ist es immer schon ein Anliegen, nicht nur drauflos zu sammeln, sondern den Sinn der Verwendung einer bestimmten Staudenneuheit stets im Vordergrund zu sehen«, erklärt er. In Vorträgen, Fachbeiträgen für Zeitschriften und in Büchern stellt er faszinierende Staudenschönheiten vor, wie die Steinwurzel (*Collinsonia*), eine seltene Wildstaude aus Kanada, oder die Finnische Nelkenwurz (*Colurea*), die Schaftdolde (*Hacquetia epipactis*) und den Nesselkönig (*Lamium orvala*).

Christian Kreß ist Staudengärtner mit Leib und Seele und glänzt mit exzellentem Fachwissen. Stundenlang kann er sich in alte Fachbücher und Fachzeitschriften vertiefen und den Werdegang der Stauden in der Gartenkultur studieren. »Besonders vor der Leistung Karl Foersters ziehe ich den Hut. Er war wahrlich ein Kunst- und Lustgärtner.«

Seine künstlerische Ader und die Lust am Gärtnern treiben auch den gebürtigen Alemannen an, wenn er in seiner Gärtnerei mal wieder einen neuen Schaugarten plant und anlegt. Bisher entstanden unter anderem ein Hosta-Garten, ein Schattengarten, Spaltengärten, ein Kiesgarten, ein Gartenteil mit den »Mauern des Ozeans« aus roten Klinkersteinen, sowie ein Gartenbereich mit dem vielversprechenden Namen »Whatever you want«, der imposante Taglilien und viele Ziergräser zeigt. Besucher können sich in Schauanlagen Anregungen für ihr eigenes Staudenreich holen und auch noch die ein oder andere von Kreß selbst gezüchtete oder ausgelesene Sorte bestaunen, wie den Storchschnabel 'Walküre', die Kissen-Aster 'Augenweide', die Funkie 'Zwutschgerl' oder die Glockenblume 'Sarastro', nach der die Gärtnerei benannt wurde. Als Vorbild hierfür diente die Gestalt des Sarastro aus Mozarts »Zauberflöte«. Der Hohepriester zeigt sich in der Oper anfangs böse und entpuppt sich später als guter Geist. Schelmisch übersetzt Christian Kreß diese Verwandlung ins »Botanische«: Aus der Kreuzung von zwei nicht besonders gartentauglichen Glockenblumen, der Punktierten Glockenblume (*Campanula punctata*) und der Nessel-Glockenblume (*C. trachelium*), entstand ein dunkelvioletter Sämling, den er selektierte und vermehren konnte. So entstand die wunderschöne sterile Glockenblume 'Sarastro', die sich laut ihres Entdeckers »in jedem guten Gartenboden benimmt und seine Besitzer durch monatelanges Blühen erfreut.

2024 trat seine Tochter Katharina in den elterlichen Betrieb ein, nachdem sie mehrere Jahre Erfahrungen in der grünen Branche bei unterschiedlichen Staudengärtnereien in den USA sammeln konnte.

Gärtnern mit Stauden

STAUDEN PFLANZEN & PFLEGEN

4

Nur wer Staudenbeete von Anfang an sinnvoll plant, beim Einkauf auf Qualität achtet und beim Pflanzen und Pflegen behutsam, aber mit der nötigen Sachkenntnis ans Werk geht, wird mit blütenreichen und langlebigen Staudenkompositionen belohnt.

Die Qual der Wahl
Gut sortierte Staudengärtnereien bieten eine riesige Pflanzenauswahl. In Töpfen und Containern gezogene Stauden können (fast) das ganze Jahr gepflanzt werden.

FÜR EINEN GUTEN START

Eine detaillierte Planung, Jungpflanzen von guter Qualität, beste Bodenvorbereitung und fachgerechtes Pflanzen sind die Grundlagen für ein gelungenes Staudenprojekt.

Gartenarbeit macht Spaß, schafft Ausgleich zum stressigen Alltag und ist eine kreative Tätigkeit, besonders die Anlage eines neuen Staudenbeets. Da möchte wohl jeder Gartenbegeisterte sofort loslegen und die schon lange gewünschten Staudenlieblinge kaufen und pflanzen. Besser ist es jedoch, mit Bedacht an ein neues Staudenprojekt heranzugehen. Es empfiehlt sich immer die Reihenfolge Planen-Kaufen-Pflanzen einzuhalten – nur so ist langfristiger Erfolg garantiert!

WAS KOMMT WOHIN?

Zunächst geht es in der Beetplanung darum, die passenden Staudenarten auszuwählen. Folgen Sie bei der Auswahl Ihrem Geschmack. Vom nostalgischen Beet bis zum modernen Kiesgarten lässt sich mit Stauden so mancher Gartentraum erfüllen. Die wichtigen Standortkriterien wie Licht- und Windverhältnisse sowie Bodenart und Bodenfeuchtigkeit hat ein Staudenprofi dabei natürlich immer Blick und berücksichtigt diese bei der Pflanzenauswahl.

BIS INS DETAIL PLANEN

Ist dann die Stauden-Wunschliste gut gefüllt, geht's an die Detailplanung. Zunächst müssen die genaue Größe des Beets und seine Umrisse ermittelt werden. Diese Maße übertragen Sie auf einen maßstabsgetreuen Beetplan. Für eine übersichtliche Pflanzplanung bieten sich die Maßstäbe 1 : 20 (1 m in der Realität entspricht 5 cm in der Zeichnung) oder 1 : 50 (1 m in der Realität entspricht 2 cm in der Zeichnung) an. Wenn Sie den Beetgrundriss auf Millimeterpapier oder anderem karierten Papier zeichnen, bieten die Karos Ihnen eine gute Orientierung bei der Verteilung der Stauden im Beet. Abstände und Endgrößen der Stauden lassen sich gut abschätzen und eintragen. Nun legen Sie Transparentpapier über den Grundrissplan, um darauf die Staudenverteilung einzuzeichnen. Wer mag, kann zunächst verschiedene Vorentwürfe für die Flächeneinteilung anfertigen. Außerdem ist es ratsam, sich auf einem separaten Plan mittels unterschiedlicher Schraffuren die Höhenstruktur des Beets zu verdeutlichen. Wer parallel die verwendeten Stauden in einen Blütezeitenkalender überträgt, hat auch das Erscheinungsbild der Pflanzung zur jeweiligen Jahreszeit im Griff.
Steht ein Grundkonzept, werden zunächst die Leitstauden als einzelne Kreise eingezeichnet und dann die Begleitstauden als kleinere Kreise oder als Flächen eingezeichnet. Füllstauden im Beet oder am Beetrand zeichnet man stets als Flächen ein. Dank der Rastereinteilung des Beetgrundrissplans kann man später die genaue Quadratmeterzahl und die erforderlichen Stückzahlen für die Stauden ermitteln. Wichtig ist dabei, dass Sie bei der Planung mit den Endgrößen der Stauden rechnen, damit Sie Ihr Beet nicht mit zu vielen Stauden überladen. Sie können generell mit einem durchschnittlichen Pflanzenbedarf von zirka 5 Pflan

Erste Wahl: wurzelnackt
Die Pflanzung wurzelnackter Stauden ist zwar nur im Frühjahr und im Herbst möglich. Sie wachsen aber viel besser an, als getopfte Exemplare.

zen pro Quadratmeter rechnen. Im Detail betrachtet bedeutet dies: Bei großen Solitär- und Leitstauden reicht es, 1–3 Stück pro Quadratmeter einzuplanen. Begleitstauden werden je nach Ausbreitungsdrang und Wuchsform mit 4–8 Pflanzen pro Quadratmeter verwendet. Und von Füllstauden, die Flächen bedecken sollen, nehmen Sie je nach Art und Sorte 9-16 Stück pro Quadratmeter. Aus dem Pflanzplan können Sie nun die benötigte Pflanzenanzahl errechnen und eine Staudeneinkaufsliste erstellen.

STAUDEN KAUFEN

Stauden werden heutzutage an vielen Stellen angeboten: im Supermarkt oder Discounter, in der Gartenabteilung des Baumarkts, im Blumenladen oder im Gartencenter, auf dem Wochenmarkt, auch in Baumschulen und natürlich in Staudengärtnereien. Auch virtuell können Sie auf Staudeneinkauf gehen: Viele Pflanzenversender bieten Internetshops an und auch viele Staudengärtnereien betreiben den Verkauf per Internet. Speziell auf den letztgenannten Verkaufsplattformen findet man häufig wertvolle Zusatzinformationen über die einzelnen Arten und Sorten.

Eine weitere Einkaufsquelle können private oder öffentliche Pflanzenmärkte oder Tauschbörsen sein. Manche Gartenbesitzer bieten auch schöne Staudenschätze zum Verkauf an, wenn sie ihren Garten am Tag der »offenen Gartentür« der Öffentlichkeit zugänglich machen. Der Vorteil dieser Einkaufsmethode liegt darin, dass man Stauden erhält, die sich garantiert schon an das jeweilige Klima der Region gewöhnt und sich als dankbare Gartenbewohner bewährt haben – zumindest der Meinung der Gartenbesitzer zufolge! Aber auf die Angaben von kompetenten Gartenfreunden ist ja meistens Verlass, obwohl natürlich im Privatkauf bzw. -tausch für die Sortenechtheit nie garantiert werden kann.

AUF QUALITÄT ACHTEN

Manchmal sind die voll erblühten Stauden, die man in Gartencentern oder Supermärkten angeboten bekommt, schon sehr verlockend, und man ist versucht, die »fertigen« Schönheiten mitzunehmen. Doch Vorsicht: Oft sind diese Stauden im Gewächshaus vorgezogen worden, blühen zum völlig falschen Zeitpunkt und entpuppen sich als Saisonware, vergleichbar mit Sommerblumen, anstatt als langlebige Beetbewohner. Kaufen Sie lieber in gut sortierten Baumschulen und Staudengärtnereien oder bei renommierten Versandgärtnereien. Achten Sie auf eindeutig etikettierte und sortenechte Ware. Im Idealfall finden Sie auf den Pflanzenschildern Angaben zum botanischen Namen, der im Gegensatz zum deutschen Pflanzennamen Verwechslungen ausschließt. Außerdem ist auf informativen Etiketten die Sorte, die Blütenfarbe, die Blütezeit, die Wuchshöhe und manchmal sogar der passende Lebensbereich oder die Geselligkeitsstufe der Staude vermerkt.

AUGEN AUF BEIM KAUF

Wenn man Stauden im Frühling kauft, sind viele Stauden noch nicht so ganz aus ihrer Winterruhe erwacht, sodass man vermeintlich einen »leeren« Topf kauft. Dem ist natürlich nicht so. Die neuen Knospen schlummern im Wurzelgeflecht. Umso wichtiger ist es, dass der Ballen im Topf gut durchwurzelt, feucht ist und keineswegs ausgetrocknet sein darf. Außerdem sollten nicht viele Wurzeln aus den Wasserabzugslöchern herausgewachsen sein und es sollten sich keine sogenannten Drehwurzeln gebildet haben, die dicht gedrängt an der Innenwand des Topf entlanglaufen. Stauden mit solchen Wurzeln wachsen später im Garten schlecht an. Aber auch Wurzelballen, die fast noch gar nicht durchwurzelt sind, sind ein schlechtes Zeichen. Wer

CHECKLISTE STAUDEN KAUFEN

Das Wichtigste beim Kauf:

- in gut sortierten Gärtnereien kaufen
- ausreichend etikettierte Stauden kaufen
- auf Sortenechtheit achten
- der Wurzelballen muss gut durchwurzelt und feucht sein
- keine zur falschen Zeit blühende Pflanzen kaufen
- robuste Sorten auswählen

Stauden per Versand bestellt hat, sollte die Staudentöpfe nach Erhalt gut wässern und sie an einem halb schattigen Platz stellen. bis die jungen Pflänzchen sich akklimatisiert haben. Danach kann gepflanzt werden. Manche Stauden werden vornehmlich als wurzelnackte Ware angeboten, zum Beispiel Pfingstrosen *(Paeonia)* oder Bart-Iris und natürlich die Stauden, die zu den Zwiebel- und Knollengewächsen gehören wie Lilien, Zier-Lauch *(Allium)* oder Steppenkerzen *(Eremurus)*. Pfingstrosen werden im Herbst gern als frisch geerntete Wurzelware verkauft, Iris als wurzelnackte Ware meist im März und von August bis zum Wintereinbruch angeboten. Zwiebel- und Knollenpflanzen werden je nach Art entweder im Frühjahr oder im Herbst verkauft, um dann auch zeitnah gepflanzt zu werden.

Wer auf empfehlenswerte, gute Sorten zurückgreifen möchte, kann sich auf die Ergebnisse des »Arbeitskreis Staudensichtung« verlassen. Dieses unabhängige Gremium von Fachleuten testet im Auftrag des Bunds deutscher Staudengärtner verschiedene Staudensortimente und Neuheiten und beurteilt diese abschließend (Informationsadresse »Arbeitskreis Staudensichtung« siehe Anhang).

PFLANZZEIT

Dank der Kultur in Containern, sprich in Töpfen, werden Stauden fast rund ums Jahr angeboten und können auch, wenn man von zu großer sommerlicher Hitze oder gefrorenem Winterboden einmal absieht, ganzjährig gepflanzt werden. Trotzdem sind die besten Jahreszeiten zum Pflanzen der Herbst und das Frühjahr, denn dann haben Stauden die besten Chancen, ohne Stress neue Wurzeln auszubilden. Ein paar Pflanzregeln sollte man dennoch beachten: Ziergräser, Farne und herbstblühende Stauden sollten Sie generell im Frühling in die Erde bringen. Feuchte Standorte wie Sumpf- und Wasserbecken werden am besten Ende April bepflanzt. Stauden mit nässeempfindlichen Wurzeln oder geringerer Winterhärte, zum Beispiel Astilben, Herbst-Anemonen, Lavendel, Schleierkraut, Berg-Astern, Currykraut, Fackellilien oder Funkien werden ebenfalls im Frühjahr gesetzt. Und eine zu späte Herbstpflanzung kann in raueren Regionen problematisch sein, wenn Bodenfrost ohne Schnee einsetzt und die Pflanzen nicht mehr einwurzeln können.

DER BODEN ALS LEBENSRAUM

Ein guter Boden ist die wichtigste Grundlage für ein funktionierendes Staudenbeet, denn wie bereits Karl Foerster feststellte: *»Blütenstauden, an unguter Stelle schon erfreulich, triumphieren und explodieren in gutem Boden – kaum wiederzukennen!«*

Lockern Sie also vor der Anlage eines Staudenbeets den Boden tiefgründig auf, am besten mit einer Grabegabel. So verbessern Sie die Luftzufuhr in der Erde und können lästige Wurzelunkräuter wie Quecke oder Giersch entfernen.

Je nach den örtlichen Gegebenheit müssen unter Umständen Maßnahmen zur Bodenverbesserung durchgeführt werden: Ein zu schwerer lehmiger oder toniger Boden kann mit Sand oder Kies aufgelockert werden. Die Wasserhaltekraft und der Nährstoffgehalt von mageren Sandböden verbessern Sie mit Ton oder organischen Stoffen wie Rindenhumus, Rinden- oder Gartenkompost. Auf synthetische Zuschlagsstoffe wie Perlite, Hygromull und Hygropor sollte in der heutigen Zeit verzichtet werden.

Vergessen Sie beim Thema »Boden« auch nicht, dass etliche Pflanzen bestimmte Ansprüche an den pH-Wert haben: Kalkliebende Pflanzen dürfen nicht in saure Böden gesetzt werden. Ob Ihr Gartenboden eher sauer oder eher kalkhaltig ist, verrät Ihnen ein pH-Test (im Fachhandel).

STARTDÜNGUNG

Mit einer passenden Portion Dünger erleichtern Sie Ihren Stauden den Start ins Beet-Leben. Die Pflanzen entziehen dem Boden beim Anwachsen Nährsalze wie Stickstoff, Kalium, Magnesium und Phosphor sowie Spurennährstoffe wie Bor, Kupfer, Eisen, Mangan oder Zink. Diesen Nährsalzvorrat gilt es aufzufüllen, ohne dabei eine Überdüngung zu verursachen. Idealerweise lässt man den vorhandenen Boden im Gartenfachhandel auf den Nährstoffgehalt untersuchen und sich eine entsprechende Düngeempfehlung geben. Als gute Grunddüngung bei der Anlage eines neuen Beets kann fast immer eine Portion gut verrotteter Kompost dienen. Dazu wird eine dünne Kompostschicht auf dem Beet verteilt und mit dem Grubber in den Boden eingearbeitet.

PFLANZUNG: AB INS BEET

Ist der Boden nun gut vorbereitet, kann das Pflanzen beginnen. Tauchen Sie die Staudentöpfe vor dem Pflanzen so lange in ein Wasserbad, bis keine Luftblasen mehr aufsteigen. Dann heißt es den Pflanzplan in die Realität umzusetzen. Dazu kann man mit Streifen aus Sand das Raster des Plans oder die Flächeneinteilungen für die verschiedenen Staudenarten ins Beet übertragen. Danach werden die Staudentöpfe im Beet verteilt, natürlich gemäß dem Pflanzplan. Stellen Sie die Töpfe stets aufrecht hin, sonst verliert man im Topf-Wirrwarr schnell den Überblick. Beginnen Sie beim Pflanzen auf einer Seite des Beets und arbeiten Sie sich langsam rückwärts weiter. Bei den meisten Topfgrößen reicht es, die Pflanzlöcher mit der Handschaufel zu graben. Die Löcher sollten ungefähr doppelt zu groß sein wie die Wurzelballen, damit die Stauden problemlos in die aufgelockerte Erde einwurzeln können. Holen Sie die Pflanzen vorsichtig auf den Töpfen, ohne überstehende Wurzeln abzureißen. Nun werden die Stauden in die Pflanzlöcher gesetzt, und zwar genau so tief, wie die Pflanzen vorher im Topf saßen, das heißt die Oberfläche des Ballens liegt auf dem gleichen Niveau wie die Erdoberfläche. Wird zu tief oder zu hoch gepflanzt, können die Pflanzen Schaden nehmen. Jetzt Erde wieder auffüllen und Stauden fest andrücken. Sind alle Pflanzen gesetzt, wird die Erdoberfläche des gesamten Beets noch einmal mit dem Kultivator geglättet. Zum Schluss wird kräftig gewässert, auch um Hohlräume im Boden zu schließen. In den nächsten Wochen muss die Erde stets feucht gehalten werden.

STAUDEN PFLANZEN SCHRITT FÜR SCHRITT

Step-by-step zum Staudenparadies

1. Nach dem der Boden gelockert wurde, kann eine zirka 5 Zentimeter dicke Schicht gut verrotteter Kompost verteilt und eingearbeitet werden.

2. Stauden werden nach den Angaben des Pflanzplans ins Beet gestellt. Vor dem Pflanzen die Verteilung noch einmal überprüfen.

3. Stauden vorsichtig austopfen. Wurzeln dürfen nicht beschädigt werden. Wenn es beim Herausholen hakt, den Topf mi einer Schere einfach aufschneiden.

4. Bei kleineren Stauden das Pflanzloch mit der Handschaufel graben. Größere Wurzelballen erfordern manchmal den Einsatz des Spatens. Stauden einsetzen, Erde auffüllen und gut andrücken. Zum Schluss wässern.

»Dahlien zeigen eine unglaubliche Variabilität in Blüten- und Laubfarbe, Musterungen, Wuchstypen und weiteren Eigenschaften. Fast alle Farben des Regenbogens (bis auf Blau) sind bei den Dahlienblüten zu finden – da bleiben keine Wünsche offen.«

DAHLIEN

Garten-Dahlien sind unglaublich vielfältig. Sie werden hierzulande wegen ihrer Frostempfindlichkeit von Ende April bis Ende November im Garten kultiviert und im Haus überwintert.

Dahlien gedeihen in jedem normalen, gut wasserdurchlässigen Boden in sonniger Lage. Dahlien sind für die Kultivierung auf Tonböden nicht geeignet, da diese häufig zu Staunässe neigen. Eine Pflanzung unter Bäumen oder Sträuchern ist nicht ratsam.

Der Boden sollte bereits im Herbst gründlich gelockert werden. Eine Gabe verrotteter Stallmist sorgt für ausreichend Nährstoffnachschub im folgenden Jahr. Kurz vor der Pflanzung im Frühjahr kann zusätzlich ein organischer Volldünger auf den Boden gestreut und der Boden mit dem Kultivator oder Grubber durchgearbeitet werden. Bei schweren Böden wird eine Lockerung des Bodens mit Sand (Körnung 0/2, gewaschen) empfohlen. Bei leichten Sandböden kann eine 2–5 cm dicke Kompostschicht den Humusanteil verbessern, was ein aktiveres Bodenleben zur Folge hat.

Dahlienvielfalt | im Uhrzeigersinn
'Bishop of Llandaff'
'Sam Hopkins'
'Bishop of York'
Gräser und Buchs geben 'Arabian Night', 'Bishop of Dover' und 'Jascot Julie' halt.

PFLANZUNG UDN PFLEGE

Je nach Region und den vorherrschenden klimatischen Bedingungen erfolgt die Pflanzung der Knollen zwischen Mitte und Ende April. Eine Pflanzung ist auch im Mai noch möglich. Ein Abwarten der Eisheiligen ist nicht erforderlich, da die letzten Fröste nicht mehr in den Boden eindringen.

Dahlien mit einer Höhe von über 50 cm sind nicht standfest sind und daher angebunden werden müssen. Nach dem Pflanzen ist darauf zu achten, dass die Knollen nicht gegossen werden, um Fäulnis zu vermeiden. Erst nach dem Erscheinen der ersten Triebe kann bei trockenem Boden gegossen werden.

Von den frisch erscheinenden Trieben sollten bei größeren Sorten lediglich die zwei bis drei stärksten belassen und die übrigen ausgebrochen werden. Bei kleineren Dahlien kann die Anzahl der Triebe höher bleiben. Während des Wachstums ist eine gelegentliche Bodenlockerung mit einem Kultivator oder Grubber empfehlenswert. Das »Ausputzen« der Dahlien ist von entscheidender Bedeutung, um die Pflanze zu weiterer Blüte anzuregen. Dazu sind verblühte Blumen und Samenansätze zu entfernen.

Im Spätherbst werden die welken Triebe abgeschnitten und die Knollen ausgegraben. Leicht abtrocknen lassen und bis zum Frühling frostfrei und luftig bei rund 5 °C (am besten im Keller oder der Garage) überwintern.

DAHLIENKLASSEN

Dank intensiver Züchtung sind mittlerweile Tausend Dahlien-Sorten im Handel erhältlich, die sich in der Blütenform und -farbe unterscheiden. Es existieren sowohl gefüllte als auch ungefüllte Varianten, darüber hinaus gibt es Dahlien mit pomponartigen Blüten, deren Blüten denen der Seerosen ähneln, sowie andere, deren spitze Blütenblätter an einen Kaktus erinnern. Um eine bessere Einordnung und Unterscheidung zu ermöglichen, wurden sie in 15 verschiedene Dahlien-Klassen unterteil.

Gut abgedeckt
Eine Mulchschicht schützt den Boden vor dem Austrocknen und unterdrückt lästigen Unkrautbewuchs.

STAUDEN PFLEGEN

Mit fachgerechter Pflege unterstützen Sie die Lebensgemeinschaft eines Staudenbeets, fördern die Blütenbildung, erhalten die Gesundheit Ihrer Lieblinge, lenken mit vorsichtigen Eingriffen das Wachstum und verlängern die Lebensdauer der Stauden.

Kein Staudenbeet kommt ohne Pflege aus, aber durch eine gekonnte Planung, die auf passende Lebensbereiche und Vergesellschaftungen Rücksicht nimmt, kann der Pflegeaufwand erheblich reduziert werden. Bevor Sie jedoch zu Schere, Grubber oder Spaten greifen, sollten Sie Ihr Staudenbeet sorgsam beobachten. Lernen Sie den Wachstumsrhythmus der Stauden kennen und versuchen Sie, die Wuchsstärke der Pflanzen einzuschätzen. Nur wer gut beobachtet, kann feinfühlig die Vitalität und die Entwicklung einer Staudengemeinschaft erhalten und fördern.

BODENPFLEGE

Im Staudenbeet beschränkt sich die Bodenpflege, wenn eine Pflanzung erst einmal angelegt ist, auf ein vorsichtiges Auflockern, die Unkrautbeseitigung und eventuell ein Abdecken mit Mulch.

Ein Auflockern des Bodens durch behutsame Bearbeitung mit einem Grubber, auch Dreizahn oder Kultivator genannt, ist zum Beispiel nach dem Wässern sinnvoll, um die Kapillarwirkung des Boden zu stören und dadurch die Verdunstung zu verringern. Außerdem gelangt durch die Auflockerung einer oberflächlichen Verdichtung wieder mehr Sauerstoff an die Pflanzenwurzeln.

BODENSCHUTZ DURCH MULCH

Eine Bodenabdeckung durch eine Mulchschicht ist im Staudenbeet sinnvoll. So wird der Boden feucht und krümelig gehalten, das Bodenleben bleibt aktiv und die Stauden leiden nicht so schnell an Wassermangel. Lästiges Unkraut wird leichter unterdrückt und kann, wenn es sich doch zeigt, dank des lockeren Bodens unter der Mulchschicht leicht ausgezupft werden.

Allerdings sollten man eine Staudenanlage erst im zweiten Standjahr mulchen, wenn die Pflanzen gut eingewurzelt sind und sich weiterentwickelt haben. Sowohl in Prachtstaudenbeeten als auch in Anlagen mit Freiflächencharakter empfiehlt sich eine Abdeckung mit einer 3–5 cm hohen Schicht aus gut verrottetem, unkrautfreiem Kompost. Diese Mulchschicht sollten Sie im Herbst verteilen.

Der häufig verwendete Rindenmulch ist als Bodendeckung in Staudenbeeten nicht ideal, weil er meistens aus wenig zersetzter Rinde von Nadelbäumen besteht. Bei der Zersetzung der Rinde durch Mikrorganismen lagern diese Stickstoff aus dem Erdreich ein, der dann wiederum den Pflanzen nicht mehr zur Verfügung steht. Zudem hat Rindenmulch aufgrund seines hohen Gerbsäuregehalts eine herbizide (den Pflanzenwuchs hemmende) Wirkung – gut für die Bekämpfung von unerwünschten Wildkräutern, schlecht für die Stauden.

Wasser marsch! | oben links

Kräftiges Gießen ist nach dem Pflanzen und in der Anwachsphase wichtig. Später wird nur bei starker Trockenheit gewässert. Eine Bewässerung von oben ist natürlicher als Tropfschläuche von unten.

Leben mit dem Giersch | oben rechts

Statt sich am Giersch die »Zähne auszubeißen«, ist es besser, sich mit ihm zu arrangeiern. Er deckt als grüner Mulch den Boden zwischen den Stauden. Wird er zu hoch, einfach abschneiden.

Nie ohne Mulch | unten

Um den Boden vor Austrocknung zu schützen, sollte nach der Pflanzung gemulcht werden. Trockene Standorte werden mineralisch mit Sand, Kies oder Lavagrus gemulcht *(links),* feuchtere organisch mit Mischanthus-Häckseln oder Gartenmulch.

Als Alternative zu Rindenmulch können Sie in schattigen Beeten des Gehölzrandes, in dem sich vornehmlich Waldstauden tummeln, Rindenhumus ausbringen. Allerdings muss der Boden vor dem Ausbringen der Mulchschicht mit organischem Dünger, zum Beispiel Hornmehl versorgt werden, um die eintretende Festlegung des Stickstoffs zu verhindern. Und man darf in diesen waldähnlichen Pflanzungen den Boden nicht mit der Hacke bearbeiten, um unter der zirka 5 bis 10 cm hohen Rindenhumusdecke keine oberflächennahen Staudenwurzeln zu beschädigen.

STEINMULCH

Anstatt mit Kompost oder Rinde können Sie in Steingartenanlagen oder Kiesgärten den Boden mit Lava, Kies, Splitt, Schiefer oder Schotter bedecken. Besonders scharfkantiger Schotter wird gern in modernen Anlagen benutzt. Bei feinem Material wie kleinkörnigem Kies oder Splitt sollte die Mulchschicht 2-3 cm hoch sein.

HACKEN ODER ZUPFEN?

Unkrautbewuchs in seinem liebevoll bepflanzten Staudenbeet mag kein Gärtner gern. Aber wie wird man die lästigen Wildkräuter wieder los – durch Hacken oder Zupfen? Auch wenn das Unkrauthacken auf den ersten Blick schneller vonstatten geht, so ist es doch sinnvoller, auch auf lange Sicht, das Unkraut per Hand zu zupfen. Denn durch das Hacken wird jedes Mal eine neue Grundlage für Samenunkräuter geschaffen. Im Boden ruhende Samen kommen ans Licht und werden zum Keimen angeregt. Und auch die Wurzelunkräuter verbreiten sich durch das Hacken noch stärker als dass sie bekämpft werden, denn beim Hacken werden die Wurzeln geteilt und jedes Teilstück wächst für sich weiter, wenn es nicht sorgsam entfernt wird. Machen Sie sich also lieber die Mühe und zupfen Sie das Unkraut. Dabei sollten Samenunkräuter wie Melde und Franzosenkraut unbedingt noch vor Samenreife entfernt werden. Diese Kräuter lassen sich recht leicht auszupfen. Hartnäckiger sind dagegen Wurzelunkräuter wie Giersch, Löwenzahn, Ackerwinde, Ackerschachtelhalm, Hahnenfuß, Disteln oder Quecken. Deren lange unterirdische Ausläufer (Rhizome) müssen unbedingt noch vor einer Neuanlage eines Beets beseitigt werden. Und zwar tiefgründig und gründlich, damit keine Ausläufer im Boden bleiben. Unter Umständen ist es ratsam, den Boden komplett auszutauschen. Wenn Wurzelunkräuter in etablierten Beeten auftauchen, werden sie mit einem Distel- bzw. Unkrautstecher samt Wurzeln herausgenommen.

Durch konsequentes Entfernen von Unkrautbewuchs stärken Sie die Vitalität Ihrer Stauden und sorgen so dafür, dass Sie seltener Pflanzenschutzmaßnahmen ergreifen müssen. Die Stauden bleiben gesund und krankheitsresistent, wenn kein Unkraut ihnen Nährstoffe, Licht und Wasser streitig macht.

WILDKRÄUTER ALS ZEIGERPFLANZEN

Manche Wildkräuter gelten als sogenannte Zeigerpflanzen. Sie markieren bestimmte Bodenverhältnisse und verschwinden auch wieder, wenn die Bodenbeschaffenheit verändert wurde. So fühlt sich der Acker-Schachtelhalm mit seinen extrem langen Wurzeln auf nassen, verdichteten Böden wohl. Wird der Boden gelockert, verschwindet er fast von selbst. Ackerwinde, Brennnessel, Huflattich, Hasenklee, Klatschmohn, Löwenzahn und Taubnessel wachsen auf kalkhaltigen Böden. Die Brennnessel ist zudem ein Stickstoffzeiger. Klatschmohn liebt den rauen Boden.

WASSER MARSCH

Ein neuangelegtes Staudenbeet sollten Sie innerhalb der ersten zwei Standjahre bei Trockenheit wässern. Danach sollte eine Anlage so gut eingewachsen sein, dass der natürliche Niederschlag ausreicht. Bei großer Hitze können einzelne Stauden, die schlapp machen, natürlich gegossen werden. Wenn Sie doch einmal großflächig wässern müssen, gilt die Regel: Lieber einmal kräftig wässern als oft und wenig. Der Boden sollte bei jedem Bewässerungsdurchgang zirka 20 cm tief durchfeuchtet werden. Gießen Sie abends oder früh morgens, damit die Verdunstung des Bodens gering gehalten wird und Pflanzen nicht durch Wassertropfen auf den Blättern verbrennen. Am besten wässern Sie morgens, denn nachts sind Schnecken aktiv, die sich über einen Niederschlag am Abend und den damit verbundenen feuchten Boden und die nassen Blätter sehr freuen.

WUCHSKRAFT DURCH DÜNGEN

Die Vitalität der Stauden hängt von einer optimalen Versorgung mit unterschiedlichen Nährstoffen ab. Die Düngermenge und deren Zusammensetzung sollten Sie stets den Ansprüchen der Stauden anpassen. Außerdem spielt die Bodenbeschaffenheit des jeweiligen Standorts eine wichtige Rolle. Deshalb sollte man in regelmäßigem Abstand (Grunduntersuchung alle drei Jahre) eine Bodenanalyse in Fachlaboren, über Gartenfachhandel, Baumschulen und Staudengärtnereien durchführen lassen, um den genauen Düngerbedarf einer Staudenanlage zu ermitteln. Anspruchslose Wildstaudenpflanzungen müssen häufig gar nicht gedüngt werden, da Regenwasser und der Nährstoffvorat in Luft und Boden für eine ausreichende Versorgung mit Nährsalzen sorgen. In Prachtstaudenbeeten ist das Düngen jedoch meist sinnvoll, weil hier viel Blattmasse und ein üppiger Blütenflor produziert werden sollen. Besonders im Frühling und Sommer wird Stickstoff (N) für das Wachstum benötigt. Phosphor (P) ist verantwortlich für die Blütenbildung und den Fruchtansatz, während Kalium die Zellen stärkt und dadurch die Pflanzen gegen Frost abhärtet. Magnesium (Mg) und Eisen (Fe) brauchen Pflanzen für die Bildung des grünen Farbstoffs Chlorophyll. Eisenmangel zeigt sich zum Beispiel an blassgelben Blättern. Sie können als Dünger zum Beispiel Mehrnährstoffdünger verwenden, der eine gute Grundversorgung der Stauden garantiert. Diesen gibt es in mehreren Varianten: Anorganische Dünger lösen sich sofort in Wasser auf und können deshalb akute Mangelerscheinungen beheben. Organische Dünger wie Hornmehl, Hornspäne, Humus oder Kompost müssen von Kleinstlebewesen im Boden erst umgewandelt werden, bevor die Pflanzenwurzeln die Nährsalze aufnehmen können. Organische Dünger haben somit eine gewisse Langzeitwirkung.

Es gibt aber auch Langzeitdünger auf anorganischer Basis. In diesen Düngern sind die Nährsalze in einer chemischen Verbindung gebunden oder von einem speziellen Material umhüllt und erst unter Einwirkung von Wasser und Wärme werden diese nach und nach in einer für die Pflanze verfügbaren Form freigesetzt.

Generell ist für ein Staudenbeet eine organische Düngung im Herbst zu empfehlen. Dann können Sie sich an einer Bedarfsmenge von 0,5–1 cm gut verrottetem Kompost pro Quadratmeter Staudenbeet orientieren. Ist der Boden sehr schlecht, können Sie auch bis zu 2 cm Kompost pro Quadratmeter Beetfläche ausbringen. Bei Bedarf kann dann noch einmal eine Kompostgabe im April/Mai/Juni erfolgen. Ab Juli/August sollten Sie auf keinen Fall mehr anorganischen (mineralischen), stickstoffbetonten Dünger ausbringen, damit die Stauden nicht überdüngt und mit einem zu weichen Gewebe in die Winterpause gehen müssen.

STÄBEN UND STÜTZEN

Einige höher wachsende Stauden wie Rittersporn oder Stauden mit breitem üppigem Wuchs, zum Beispiel

Pfingstrosen oder Fetthennen (*Hylotelephium telephium* oder *Sedum*-Hybriden), werden spätestens in der Blütezeit instabil und knicken leicht ab. Diese Stauden freuen sich über Unterstützung: Man kann die Triebe zum Beispiel mit Reisig-, Birken- oder Haselnusszweigen abstützen, die man dezent in die Staudenhorste steckt. Einzelne Blütentriebe können Sie an Bambusstäben oder an speziellen, kunststoffummantelten Gartenstäben befestigen. Achten Sie beim Festbinden darauf, dass der Pflanzenstängel nicht am Stab oder Draht scheuert. Am besten den Staudenstängel mit Abstand zum Stab aufbinden (Achterschlaufe) und einen ummantelten Draht verwenden. Muss der gesamten Pflanze Halt gegeben werden, bieten sich spezielle Staudenhalter oder -ringe an, die in der Höhe verstellbar sind und so mitwachsen können. Aber natürlich lassen sich solche Abstützkonstruktionen aus einfachen Holzlatten und Draht auch selber bauen. Noch ein Tipp für die bessere Optik: Je früher Sie die Stützen installieren, desto besser werden diese überwachsen und sind später fast unsichtbar.

STAUDENSCHNITT

Der Rückschnitt ist in der Staudenpflege wahrlich ein spezielles Thema und erfordert eine gewisse Fachkenntnis. Es gibt verschiedene Schnittmaßnahmen, mit denen jeweils ein bestimmtes Ziel verfolgt wird. Je nach Zeitpunkt und Rückschnittsstärke lässt sich die Blütenbildung fördern oder beeinflussen, das Wachstum und Standfestigkeit stärken oder die Samenbildung verhindern.

VERBLÜHTES ENTFERNEN

Bei diesen Stauden sollten Sie Verblühtes ausputzen, um die Blütezeit zu verlängern. Außerdem wird die Samenbildung verhindert:

- ***Sommer-Phlox*** *(Phlox paniculata)*
- ***Schafgarbe*** *(Achillea millefolium*
- ***Kokardenblume*** (*Gaillardia*-Hybriden)
- ***Sonnenbraut*** (*Helenium*-Hybriden)
- ***Prachtscharte*** *(Liatris spicata)*
- ***Lupine*** (*Lupinus polyphyllus*-Hybriden)
- ***Pfingstrosen*** (*Paeonia officinalis, P. lactiflora*-Hybriden)
- ***Skabiose*** *(Scabiosa caucasica)*
- ***Ehrenpreis*** *(Veronica longifolia)*
- ***Pfirsichblättrige Glockenblume*** *(Campanula persicifolia)*

Fester Rahmen | ganz links
Stauden, die viel Blattmasse und große Blüten ausbilden wie die Pfingstrosen, sollte man durch ein Stützgerüst Halt geben.

Je früher, desto besser | gegenüber links
Wird das Stützsystem für Rittersporn & Co. rechtzeitig installiert, können die Stauden diese Halterungen dezent überwachsen.

Gut geschnitten | rechts
Ein sachgerechter Schnitt im Spätwinter oder Frühjahr hält die Stauden jung und wüchsig. Außerdem kann bei stark versamenden Arten wie Astern die Ausbreitung eingedämmt werden, wenn die Samenstände zurückgeschnitten werden.

Bereits in der Blütezeit ist der Griff zur Gartenschere sinnvoll, um bei vielen Staudenarten die Blüte zu verlängern und gleichzeitig die Samenbildung zu verhindern (Beispiele für Stauden siehe Kasten auf S. 181). Die Samenstände von Akelei *(Aquilegia),* Sterndolde *(Astrantia),* Goldrute (*Solidago*-Arten), Fingerhut *(Digitalis),* Königskerze (*Verbascum*-Arten), Malve *(Malva moschata),* Glockenblumen (*Campanula*-Arten) und Margerite *(Leucanthemum)* sollten Sie ebenfalls vor der Samenreife entfernen, wenn Sie nicht wollen, dass es zur Selbstaussaat kommt. Wenn sich jedoch Fingerhut, Akelei & Co. jedes Jahr wieder neue Plätze suchen dürfen und als Vagabunden durchs Beet wandern, dann sollten Sie die Samenstände nicht oder nur teilweise ausschneiden.

Eine weitere wichtige Schnittmaßnahme im Staudenbeet ist der sogenannte Remontierschnitt, das heißt dass die Stauden unmittelbar nach der Blüte etwa eine Handbreit über dem Boden abgeschnitten werden, um dann neue Triebe bzw. Blätter und vor allem einen zweiten Blütenflor auszubilden. Ein solcher Remontierschnitt funktioniert bei etlichen Mai/Juni-Blühern wie Rittersporn *(Delphinium),* Steppen-Salbei (*Salvia nemorosa),* Feinstrahlaster *(Erigeron),* Katzenminze *(Nepeta × fassenii),* Stauden-Lein *(Linum),* Nelkenwurz (*Geum* in Sorten) und einigen Storchschnabel-Arten *(Geranium pratense, G. endressii).*

Ebenfalls nach der Blütezeit können Sie Frauenmantel *(Alchemilla mollis),* Kaukasus-Vergissmeinnicht *(Brunnera macrophylla),* Gold-Felberich *(Lysimachia punctata),* Indianernessel (*Monarda*-Hybriden), Orientalischer Mohn *(Papaver orientale)* bis kurz über dem Boden zurückschneiden. Allerdings bilden diese Stauden in der Regel keine oder nur wenige neue Blüten, dafür aber neues gesundes Laub aus. So wird einem Pilzbefall vorgebeugt und die Lebensdauer der Stauden erhöht. Auch bei einigen Steingartenstauden hat sich ein Rückschnitt nach der Blüte um die Hälfte der Triebhöhe bewährt. Zum Beispiel bleiben Blaukissen *(Aubrieta)* und Gänsekresse *(Arabis caucasica)* vitaler und vergreisen nicht so schnell.

Wer ein bisschen mit der Länge und dem Zeitpunkt der Blüte experimentieren möchte, kann verschiedene Maßnahmen ergreifen: Schneidet man zum Beispiel von Gold-Garbe (*Achillea filipendulina*-Hybride), Sonnenbraut *(Helenium)* oder Sommer-Phlox *(Phlox paniculata)* einen Teil der Blütentriebe ein paar Wochen vor dem eigentlichen Blütezeitraum ab, kann man die Blütezeit verlängern. Bei Fetthenne (*Hylotelephium*-Sorten), hohen Herbst-Astern *(Symphiotricum novi-belgii, S. novae-angliae, Aster ericoides),* Chrysantheme (*Dendranthema grandiflora*-Hybriden) und nicht standfesten Phlox-Sorten kann es sogar sinnvoll sein, die komplette Staude im Juni auf die Hälfte einzukürzen, um danach stabilere Pflanzen zu erhalten.

Neigt sich der Sommer dem Ende zu, werden empfindliche Dauerblüher wie Prachtkerze *(Oenothera* Syn. *Gaura),* Mädchenauge *(Coreopsis grandiflora),* Kokardenblume *(Gaillardia)* und Färberkamille *(Anthemis tinctoria)* Ende September bodennah zurückgeschnitten, damit sie in Ruhe ihre Überwinterknospen ausbilden können und sich nicht bis zur letzten Blüte völlig verausgaben. Ansonsten sollten Sie diejenigen Stauden, die mit einer schöne Wintersilhoutte glänzen, im Beet stehen gelassen und nur weniger standfeste Arten im November abschneiden. Der »große« Rückschritt erfolgt dann im Frühjahr vor dem Neuaustrieb.

WINTERSCHUTZ

Da Stauden nun einmal ausdauernde Pflanzen sind, die jedes Jahr wiederkommen, überstehen jene Arten unsere Winter in der Regel gut, die mit frostigen Temperaturen zurechtkommen. Stauden aus den Mittelmeerländern oder aus anderen Ländern mit mildem Klima dürfen den Winter nicht draußen bleiben. Sie überwintern je nach Ansprüchen im Haus, im dunklen Keller oder in hellen, aber kühlen Räumen.

Aber trotzdem können auch den ansonsten als winterhart geltenden Stauden manche Wetterlagen Probleme bereiten. Nasses, schneefreies Wetter, strenger Frost bei starkem Sonnenschein sowie starke, austrocknende Winde sind gefährlich und können zu Ausfällen im Staudenbeet führen. Aber Sie können durch Winterschutzmaßnahmen vorbeugen: Frostempfindliche Stauden wie junge Herbst-Anemonen, Herbst-Chrysanthemen, einige Heuchera-Sorten, Riesen-Schleierkraut *(Crambe cordifolia),* Heiligenkraut (*Santolina*-Arten) und Gamander (*Teucrium*-Arten) freuen sich über eine Abdeckung mit Laub, Fichtenreisig oder Sackleinen.

Besonders immergrüne Stauden wie Garten-Silberwurz *(Dryas × suendermannii),* Immergrün *(Vinca minor),* Heiligenkraut *(Santolina chamaecyparissus)* oder Christrose *(Helleborus niger)* leiden bei starker Wintersonne und gefrorenem Boden schnell unter Trockenheit. Hier hilft ein Abdecken mit Reisig.

So viel wie nötig | links

Im Sommer beschränkt sich die Pflege im Staudenbeet auf das Entfernen von Verblühtem, eventuellem kräftigerem Rückschnitt und dem Abschneiden von krankem Laub.

Schutz vor frostigen Temperaturen | Mitte

Die Japan-Gold-Segge (*Carex* 'Evergold') zeigt sich zwar immergrün, freut sich jedoch über einen leichten Winterschutz, zum Beispiel eine Abdeckung mit Tannenreisig.

Eingetütet | rechts

Das Pampasgras *(Cortaderia selloana)* verträgt winterliche Nässe schlecht und sollte deshalb ins ehr kalten Regionen durch Schilfmatten oder einfaches Zusammenbinden der Halme geschützt werden.

»Bunt, vielfältig, duftend und von Insekten umschwirrt erleben Besucher die Staudengärtnereien im BdS. Wir kultivieren Stauden mit Sorgfalt, Leidenschaft und Sachverstand.«

S

STAUDE DES JAHRES

Jährlich kürt der Bund deutscher Staudengärtner eine »Staude des Jahres«. Im Jahr 2025 ist es das Kaukasusvergissmeinnicht (*Brunnera*).

Staudensterne

Jährlich sichtet der BdS Arten und Sorten aus ausgewählten Gattungen. Besonders robuste und empfehlenswerte Sorten werden auf der Seite *www.staudensterne.de* vorgestellt.

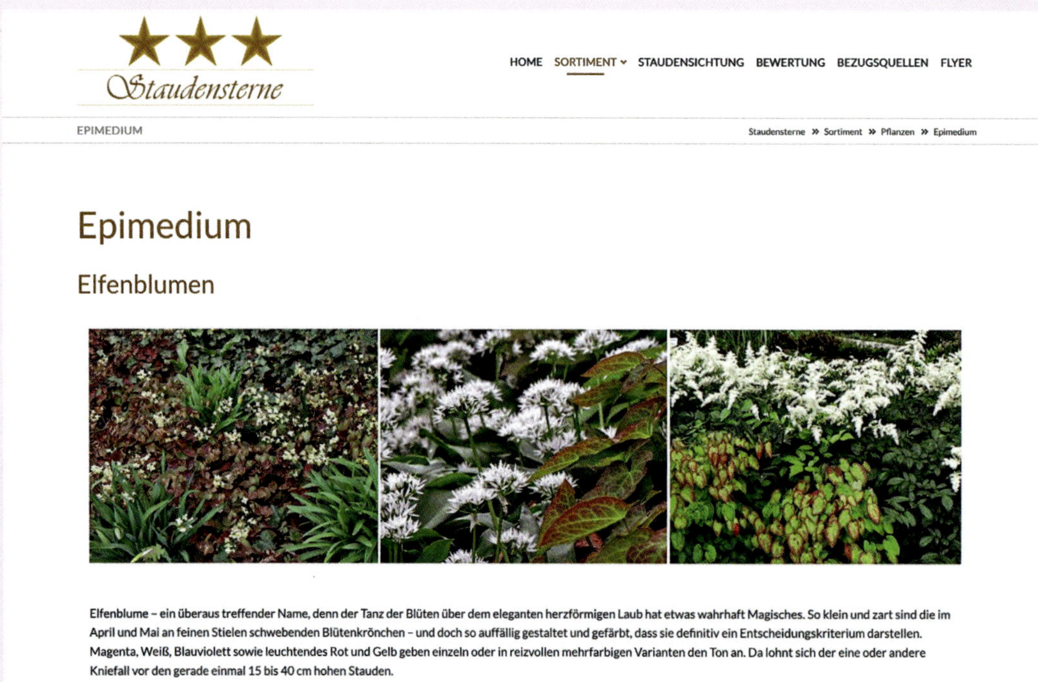

A

BUND DEUTSCHER STAUDEN-GÄRTNER

Vielfältig, robust und von bester Qualität. Das sind die Markenzeichen der Gärtnereien und Betriebe, die sich im Bund deutscher Staudengärtner zusammengeschlossen haben.

Anlässlich der ersten Bundesgartenschau Hannover 1951 gründeten einige Staudengärtner eine »Sondergruppe Stauden« im Zentralverband Gartenbau (ZVG). Waren die Gründungsmitglieder hauptsächlich Staudenzüchter, stieg später die Zahl der kultivierenden Mitgliedsbetriebe der Sondergruppe stetig an. Heute engagieren sich fast 100 Betriebe im BdS. Die BdS-Staudengärtnereien sind unter *www.stauden.de* zu finden. Aber auch der Online-Einkauf in den Webshops der Experten ist durch die ausführlichen Pflanzenbeschreibungen ein Erlebnis.

ARBEITSKREIS STAUDENSICHTUNG

Der Arbeitskreis Staudensichtung im Bund deutscher Staudengärtner möchte die Verbreitung ebenso attraktiver wie gesunder und langlebiger Sorten fördern. Zu diesem Zweck gibt es verteilt in Deutschland, Österreich und in der Schweiz 18 Sichtungsgärten. In diesen werden jeweils ein oder mehrere der zu prüfenden Sortimente aufgepflanzt und über mehrere Jahre hinweg bonitiert. Dabei werden die Pflanzen nach einem einheitlichen Bewertungsschlüssel begutachtet, sodass sich ein vergleichbares Ergebnis der verschiedenen Standorte ergibt. Die Arten und Sorten, die sich in der Sichtung als am besten für die Kultur im Garten geeignet zeigen, werden auf einer eigenen Internetseite *www.staudensterne.de* vorgestellt.

ARBEITSKREIS PFLANZENVERWENDUNG

Der unter dem Dach des BdS agierende Arbeitskreis Pflanzenverwendung hat sich zum Ziel gesetzt, die Verwendung von Stauden im öffentlichen und privaten Grün zu fördern. In zahlreichen Projekten werden Fachkompetenz und Erfahrungen der Pflanzenexperten zusammengeführt. Insgesamt stellen elf Hochschulen und Versuchsanstalten in Deutschland, Österreich und der Schweiz Versuchsflächen und wissenschaftliche Mitarbeiter zur Verfügung.

Über die Öffentlichkeitsarbeit des Arbeitskreises und des BdS wird dieses Expertenwissen allen Pflanzenverwendern in der Praxis zur Verfügung gestellt. Zielgruppen für die Empfehlungen des Arbeitskreises sind Grünflächenämter, Planungsbüros und Ausführungsbetriebe, aber selbstverständlich profitieren auch Hobbygärtner von den Ergebnissen. Seit 2004 leitet Prof. Cassian Schmidt den Arbeitskreis. Im Arbeitskreis engagieren sich Vertreter von Hochschulen, Versuchsanstalten und Grünflächenämtern sowie Landschaftsarchitekten und Staudengärtner. Die vom Arbeitskreis entwickelten Staudenmischungen werden auf *www.staudenmischungen.de* vorgestellt.

STAUDE DES JAHRES

Seit 2001 wird alljährlich jeweils eine Pflanzengattung oder Gruppe besonders hervorgehoben. Diese als »Staude des Jahres« geführten Pflanzen werden besonders beworben und medial in Szene gesetzt. 2025 fiel die Wahl auf Brunnera, das Kaukasusvergissmeinnicht. Weitere »Stauden des Jahres« waren der Blut-Weiderich (2024), die Indianernessel (2023) oder das Japanwaldgras (2022).

In Eigenregie
Ganz von allein säen sich Akeleien im Garten aus. Allerdings entstehen so keine sortenechten Pflanzen.

STAUDEN VERMEHREN

Viele Ihrer Staudenlieblinge können Sie mit einfachen Mitteln leicht selbst vermehren. Neue Pflanzen entstehen über Aussaat oder vegetativ durch Teilung, Stecklinge, Wurzelschnittlinge und Ausläufer.

Stauden kann man gar nicht genug haben, da ist es umso besser, dass man sie relativ leicht vermehren kann. Zum einen lassen sich neue Pflanzen aus Samen ziehen. Diese generative Methode kann spannende neue Blütenfarben oder Wuchsformen hervorbringen, da sich Sorten nicht immer einheitlich aussäen. Durch das Verschmelzen der Gene zweier Stauden kommt es zur Neukombinationen der Erbanlagen, und so entsteht unter Umständen eine neue Pflanzengeneration, deren Mitglieder sehr unterschiedlich aussehen. Eine andere Methode ist die vegetative Vermehrung. Das ist ungeschlechtliche Vermehrung durch Stecklinge, Ausläufer, Wurzelschnittlinge oder Teilung. Dabei werden Merkmale der Staudensorte wie Blütengröße, Farbe oder Wuchsform 1 : 1 weitergegeben, allerdings unter Umständen leider auch Krankheiten, in erster Linie jene, die durch Viren oder Bakterien verursacht werden. Deshalb ist es wichtig, nur gesunde Mutterpflanzen zur vegetativen Vermehrung zu verwenden.

NEUE PFLANZEN DURCH AUSSAAT

Eine Vermehrung durch Aussaat ist bei Wildstauden und bei Staudenarten, die züchterisch noch nicht bearbeitet wurden, sinnvoll. Aber auch einige Stauden-Sorten lassen sich per Aussaat vermehren und geben dabei stets ihre Eigenschaften an die nächste Generation weiter. Der Sonnenhut 'Goldsturm' *(Rudbeckia)* und unter anderen einige Sorten von Gold-Garben *(Achillea filipendulina),* Rittersporn (*Delphinium Pacific*-Hybriden), Purpurglöckchen (*Heuchera*-Hybriden) und Lupinen (*Lupinus polyphyllus*-Hybriden) fallen sortenecht – so sagt der Gärtner dazu.

Wer selber aussäen möchte, erntet den ausgereiften Samen der Stauden und lagert ihn trocken und kühl bis zum nächsten Frühjahr. Dann kann im frostfreien Gewächshaus oder an hellen, kühlen Plätzen im Haus ab Februar oder März ausgesät werden. Im Tippkasten rechts sind die einzelnen Schritte genau aufgeführt.

Einige Staudensamen fordern beim Aussäen eine Sonderbehandlung ein: Manche Samenkörner keimen zum Beispiel nur bei Dunkelheit. Das Saatgut der Dunkelkeimer Lupine, Rittersporn und Christ- und Schneerosen bzw. die Nieswurz *(Helleborus)* muss unbedingt mit Erde oder Sand überdeckt und bis zur Keimung schattig ausgestellt werden. Und dann gibt es noch sogenannte Kaltkeimer, deren Samen erst nach der Einwirkung von keimruhebrechenden Temperaturen zwischen 0–5 °C austreiben. Dazu gehören zum Beispiel Eisenhut *(Aconitum),* Zier-Lauch *(Allium),* Funkien *(Hosta),* Sommer-Phlox *(Phlox paniculata),* Küchenschelle *(Pulsatilla vulgaris)* oder auch Pfingstrosen *(Paeonia)*.

Auf Vorrat
Wer mag, erntet Staudensamen, lagert diese trocken und am besten dunkel, um sie dann im nächsten Frühjahr auszusäen.

Bei einigen nicht sehr langlebigen Stauden muss man in Sachen Vermehrung nicht aktiv werden, sondern kann einfach abwarten. Leinkraut *(Linaria)*, Knautie *(Knautia)*, Eisenkraut *(Verbena bonariensis)*, Akeleien *(Aquilegia)*, Fingerhut *(Digitalis)* oder Präriekerze *(Oenothera* Syn. *Gaura)* säen sich selber aus. Sie können die Sämlinge einfach im Beet weiter wachsen lassen und sich jährlich an neuen zauberhaften Zusammenstellungen erfreuen, oder Sie graben die Pflänzchen aus, wenn sich ein paar voll entwickelte Blätter ausgebildet haben, und setzen diese an anderer Stelle ins Beet – oder schenken sie lieben Freunden, Verwandten oder Nachbarn!

MUTTERPFLANZEN TEILEN

Durch das Teilen von Stauden lassen sich etliche neue Pflanzen aus einer einzelnen Mutterpflanze heranziehen, und das garantiert sortenecht. Man teilt Stauden jedoch nicht nur, um neue Pflanzen zu erhalten, sondern auch, um die Stauden gesund und blühwillig zu erhalten. Nach wie vielen Standjahren man welche Stauden teilen sollte, können Sie der Tabelle entnehmen.

Die beste Zeit zum Teilen liegt im Frühjahr vor dem Austrieb oder im Herbst nach der Blüte. Empfindliche Stauden wie Herbst-Anemonen, Margeriten, Fackellilien oder Indianernesseln sollten auf jeden Fall erst im Frühjahr geteilt und umgepflanzt werden. Frühlingsblüher und Stauden, die im Frühsommer blühen, werden erst nach der Blüte aufgenommen und geteilt.

Damit sich die Staude besser teilen lässt und man die Wurzeln gut sehen kann, sollten Sie sie mit einer Grabegabel vorsichtig aufnehmen und den Wurzelstock durch Abschütteln oder Abspritzen mit einem Wasserstrahl von Erde befreien. Dann wird der Wurzelstock per Hand oder mit einem Pikierstab vorsichtig aufgelockert. Feste Wurzelstöcke, zum Beispiel von Frauenmantel, lassen sich mit dem Spaten teilen. Lockere Wurzeln teilen Sie mit einem Messer oder mit den Fingern. Die Teilstücke sollten zwei bis drei austriebsfähige Knospen aufweisen. Ein gutes Ausmaß ist die Größe einer Faust. In dieser Größe können Sie Teilstücke problemlos wieder ins Beet pflanzen. Sind die Stücke jedoch kleiner, empfiehlt es sich, diese erst in Töpfe zu setzen, wo sie wohl behütet heranwachsen können.

TIPPS ZUR AUSSAAT

So gelingt die Aussaat von Stauden

- Anzuchtstöpfe verwenden oder Schalen mit Anzuchterde füllen.
- Substrat glätten und mit einem Brettchen andrücken.
- Samen nicht zu dicht verteilen. Tipp: Feines Saatgut mit Sand vermischen und dann ausbringen.
- Größere Samenkörner leicht mit Substrat abdecken, kleine Körner nur leicht in die Erde eindrücken.
- Vorsichtig mit Brausekopf gießen und mit transparenter Folie oder einer Haube abdecken.
- Aussaattöpfe oder -schalen an einem hellen Platz bei 18–20 °C aufstellen. Erde stets feucht halten.
- Pflänzchen vereinzeln (pikieren), wenn die ersten Blätter ausgebildet wurden.
- Warten bis Topf durchwurzelt ist und dann die Stauden auspflanzen.

Schwertlilien teilen I | links

Graben Sie die Wurzelstöcke (Rhizome) der Schwertlilien (Iris) nach der Blüte aus und trennen Sie mit einem scharfen Spaten oder Messer die seitlichen Ausläufer ab.

Schwertlilien teilen II | rechts

Vor dem Wiedereinpfl anzen werden die Blätter auf 10–20 cm eingekürzt. Pfl anzen Sie die Rhizomteilstücke so, dass diese nur knapp unter der Erdoberfläche liegen.

STECKLINGE SCHNEIDEN

Die Stecklingsvermehrung ist eine pflanzenschonende Methode, neue Stauden zu erhalten. Die Mutterpflanze wird dabei in ihrem Wachstum nicht gestört, denn sie muss nicht ausgegraben werden. Sie sollte gesund sein (frei von Virus-, Bakterien- und Pilzkrankheiten) und noch keine Blütenknospen tragen, da mit der Knospenbildung die Wurzelbildung eingeschränkt wird.

Das Material für Kopfstecklinge schneidet man am besten im Frühjahr und zwar in den Morgenstunden. Von den Triebspitzen werden 7–10 cm lange Triebstücke, die mindestens zwei bis vier Blattpaare tragen, abgeschnitten. Die oberen zwei Blätter bleiben stehen und die unteren werden abgestreift.

Nun stecken Sie die Stecklinge so tief in einen Topf oder eine Schale mit Anzuchterde, bis nur noch die beiden oberen Blätter herausschauen. Noch vor dem Einsetzen können Sie das untere Ende der Stecklinge, samt der Blattansätze (Nodien), aus denen die neuen Wurzeln austreiben werden, in Bewurzelungspulver (im gut sortierten Gartenfachhandel erhältlich) eintauchen. Das fördert die Wurzelbildung. Schale bzw. Töpfe müssen unbedingt ein Wasserabzugsloch haben.

Halten Sie die Erde stets feucht und sorgen Sie mit einer Folienabdeckung für gespannte Luft. Kontrollieren Sie aber Ihre Kultur regelmäßig und achten Sie darauf, dass es nicht zu Fäulnis und Schimmelbildung kommt. Nach ein paar Wochen bilden die Stecklinge neue Wurzeln und Blätter.

Nun können die Pflänzchen in größere Töpfe umziehen und schon einmal langsam an einem schattigen Gartenplatz ans Freiland gewöhnt werden. Diese Kopfstecklingsvermehrung gelingt recht zuverlässig bei hartlaubigen Stauden und Halbsträuchern wie Currykraut (*Helichrysum*), Salbei, Katzenminze *(Nepeta × faassenii)*, Schleifenblume *(Iberis)*, Lavendel, Nelken *(Dianthus)* oder Fetthenne *(Sedum, Hylotelephium)*.

Ein Sonderfall bei der Stecklingsvermehrung sind die sogenanten Risslinge. Darunter versteht man Kopfstecklinge, die aber bereits am unteren Ende einen Wurzelansatz aufweisen. So können zum Beispiel niedrige Bodendecker wie Elfenblumen *(Epimedium)*, Polster-Phlox *(Phlox subulata)* oder Storchschnabel *(Geranium)* vermehrt werden.

Stauden mit weichen Triebspitzen wie Rittersporn oder Sommer-Phlox sollten Sie besser durch Trieb- bzw. Stängelstecklinge vermehren. Dazu verwendet man 5–10 cm lange Teile aus dem mittleren oder unteren Triebbereich.

Ab in den Topf | oben

Kopfstecklinge können Sie zu mehreren in einen Topf mit Anzuchterde setzen.

Pikier-Arbeit | unten

Haben die jungen Pflänzchen vollwertige Laubblätter gebildet, werden sie einzeln in Töpfe umgesetzt.

VERJÜNGUNG VON STAUDEN DURCH TEILUNG

nach 2 bis 5 Standjahren teilen

- Astern *(Aster, Symphiotricum)*
- Margerite (*Leucanthemum maximum*-Hybriden)
- Mädchenauge *(Coreopsis grandiflora, C. verticillata)*
- Strandnelke *(Armenia maritima)*
- Gemswurz (*Doronicum*-Arten)
- Roter Sonnenhut *(Echinacea purpurea)*
- Brennende Liebe *(Lychnis chalcedonica)*
- Indianernessel (*Monarda*-Hybriden)
- Skabiose *(Scabiosa)*

nach 6 bis 10 Standjahren teilen

- Eisenhut *(Aconitum)*
- Glockenblumen (*Campanula*-Arten)
- Rittersporn *(Delphinium)*
- Feinstrahlastern *(Erigeron)*
- Prachtscharte *(Liatris spicata)*
- Sommer-Phlox *(Phlox paniculata)*
- Gelenkblume *(Physostegia)*
- Steppen-Salbei *(Salvia nemorosa)*
- Astern *(Symphiotricum)*
- Sonnenhut in Arten *(Rudbeckia)*
- Goldrute (*Solidago*-Hybriden)

nach 10 bis 15 Standjahren teilen

- Sonnenbraut (*Helenium*-Hybriden)
- Kugeldistel (*Echinops*-Arten)
- Perlkörbchen *(Anaphalis)*
- Stauden-Sonnenblumen (*Helianthus*-Arten)
- Taglilie (*Hemerocallis*-Hybriden)
- Schwertlilien (*Iris*-Cultivars)
- Chinaschilf (*Miscanthus sinensis*-Sorten)
- Heiligenkraut (*Santolina*-Arten)
- Woll-Ziest *(Stachys byzantina)*

nicht teilen, in Ruhe lassen

- Pfingstrose *(Paeonia)*
- Stockmalve *(Alcea rosea)*
- Tränendes Herz *(Lamprocapnos spectabilis)*
- Herbst-Anemone (*Anemone hupehensis, A. Japonica*-Hybriden)
- Wald-Geißbart *(Aruncus dioicus)*
- Elfenblume (*Epimedium*-Arten)
- Funkie *(Hosta)*
- Wald-Marbel *(Luzula)*
- Gedenkemein *(Omphalodes verna)*
- Lungenkraut (*Pulmonaria*-Arten)
- Dickmännchen *(Pachysandra terminalis)*

Wurzelausläufer
Viele Stauden, wie der Rainfarn, bilden Ausläufer, die abgetrennt und neu gepflanzt werden können.

Später im Jahr, im September und Oktober, können Sie noch Stecklinge einiger wintergrüner Stauden schneiden. Diese Winterstecklinge von Steinkraut *(Alyssum),* Gänsekresse *(Arabis),* Steinbrech *(Saxifraga)* oder Grasnelken *(Armenia)* werden wie die Frühlingsstecklinge behandelt und den Winter über an einen kühlen, aber frostfreien Platz aufgestellt. Im Frühjahr heißt es dann: Ab ins Beet!

NEUES AUS DEN WURZELN

Auch aus Wurzelstücken, sogenannten Wurzelschnittlingen, lassen sich viele Stauden vermehren. Dazu werden die Mutterpflanzen von Orientalischem Mohn *(Papaver orientale)*, Edeldistel-Arten *(Eryngium),* Schleierkraut *(Gypsophila),* Japan-Anemone (*Anemone-Japonica*-Hybriden), vom Bärenklau *(Akanthus),* Küchenschelle *(Pulsatilla),* Tränendem Herz *(Lamprocapnos* Syn. *Dicentra),* Storchschnabel-Arten *(Geranium),* Königskerze *(Verbascum)* und Sommer-Phlox *(Phlox paniculata)* im frühen Winter ausgegraben und vom Wurzelstock zirka 5 cm lange Teile abgeschnitten. Die Schnittlinge, deren unteres Ende leicht abgeschrägt sein sollte, legen Sie in Töpfe mit durchlässigem Substrat und bedecken sie mit einer 2 cm hohen Substratschicht. Die Töpfe werden bei 10 °C aufgestellt. Nach dem Austrieb mögen es die jungen Pflänzchen wärmer, 15–18 °C sind gewünscht.

AUSLÄUFER ABTRENNEN

Manche Stauden, zum Beispiel verschiedene Storchschnabel-Arten, Katzenpfötchen *(Antennaria),* Seggen *(Carex),* Wolfsmilch-Arten *(Euphorbia),* Wald-Erdbeeren *(Fragaria vesca),* Felberich-Arten (*Lysimachia),* Gelenkblume *(Physostegia),* Sonnenhut-Arten *(Rudbeckia)* oder Günsel *(Ajuga)* vermehren sich durch unter- oder überirdische Ausläufer, an denen sich wieder neue Pflanzen bilden.

Zur Vermehrung trennen Sie die neue Pflänzchen dann ab, wenn diese eigene Wurzeln gebildet haben und sich selber ernähren können.

Nacktschnecken-Alarm
Die gefräßigen Staudenfeinde lieben die großen, weichen Blätter der Funkien besonders gern. Wenn die Blätter völlig zerfressen sein sollten, können Sie die Pflanzen bis Mitte Juni komplett zurückschneiden und sie neu austreiben lassen.

KRANKHEITEN UND SCHÄDLINGE

Eine Staude, die am optimalen Standort steht, gut mit Nährstoffen versorgt ist und ausreichend Platz zum Wachsen hat, zeigt sich gesund und munter. Treten doch einmal Schädlinge und Krankheiten auf, helfen häufig biologische Mittel, bevor auf den herkömmlichen Pflanzenschutz zurückgegriffen werden muss.

Zunächst einmal muss beim Thema »Pflanzenschutz im Staudenbeet« die Devise gelten: Vorbeugen ist besser als Heilen. Und um Ihre Stauden gesund zu halten, stehen Ihnen glücklicherweise viele Möglichkeiten zur Verfügung.

Richtiger Pflanzenschutz beginnt bei der Wahl eines passenden Standorts. Stauden, die in ihrem natürlichen Lebensbereich wachsen dürfen, fühlen sich wohl und sind widerstandsfähig. Neben dem Standort ist auch der Pflanzabstand wichtig. Setzen Sie Stauden niemals zu eng nebeneinander, damit diese sich nicht gegenseitig bedrängen und um Nahrung, Licht und Luft konkurrieren müssen. Die Laubblätter sollten nach Regengüssen schnell wieder abtrocknen können, dafür ist eine funktionierende Luftzirkulation nötig.

Mit einer intelligenten Pflege in puncto Düngung, Bewässerung, Rückschnitt, Umpflanzen und Teilen unterstützen Sie die Lebensgemeinschaften in Staudenbeeten und bieten eine optimale Versorgung der Pflanzen. Und nicht zuletzt mit der Wahl von resistenten Arten und Sorten sorgen Sie für eine vitale Ausgangssituation in Ihrem Staudenreich. Bei der Sortenwahl können Sie sich auf die Sortenempfehlungen von verschiedenen Stauden-Vereinigungen, wie den »Arbeitskreis Staudensichtung« verlassen.

Treten trotz bester Grundvoraussetzungen Schädlinge und Krankheiten bei Ihren Stauden auf, sollten Sie zunächst auf biologische Gegenmaßnahmen bauen oder möglichen Umgestaltung im Staudenbeet den Vorzug geben, bevor Sie als letzen Schritt zu herkömmlichen Pflanzenschutzmitteln greifen, die selbstverständlich immer für Privatgärten zugelassen sein und nach den entsprechenden Anwendungshinweisen auf der Verpackung angewendet werden müssen.

SCHÄDLINGE

Raupen, Schnecken, Insekten, Spinnentiere und sogar Wühlmäuse finden (leider) genauso wie wir Stauden manchmal unwiderstehlich und haben sie sogar zum Fressen gern. Je nach Stärke des Befall, sollte man die Schädigung tolerieren oder sie mit geeigneten biologischen Pflanzenschutzmaßnahmen, Fallen oder Ködern bekämpfen. Chemische Pflanzenschutzmittel haben heutzutage im privaten Garten nichts mehr verloren.

Blattläuse

Schwarze oder grüne Blattläuse sitzen in Kolonien an Blütenknospen und den Triebspitzen.

Vorbeugung/Bekämpfung: Abstreifen mit der Hand, Abspritzen durch Wasserstrahl. Der Marienkäfer und seine Larven, Larven der Florfliegen und Vögel fressen die Läuse. Florfliegen-Larven können Sie im Fachversand bestellen. Eine zu starke Stickstoffdüngung ist zu vermeiden, da diese zu einem starken Pflanzenwachstum und weichem Gewebe führt, was von Blattläusen bevorzugt befallen wird.

Spinnmilben

Zunächst silbrig-helle Sprengel auf den Blättern und dann überziehen feine Gespinste Triebe und Blätter, daher auch der Name Rote Spinne. Die kaum sichtbaren Spinnmilben treten besonders bei großer Trockenheit auf und sind schwer zu bekämpfen.
Vorbeugung/Bekämpfung: Ausreichend wässern bei Trockenheit. Stickstoffüberdüngung vermeiden. Mit Florfliegenlarven bekämpfen (Fachversand).

Blatt- und Stängelnematoden

Stängelnematoden dringen in die Stängel ein und saugen den Zellsaft aus. Die Folge sind verkrümmte, verdickte und aufgeplatzte Stängel sowie Missbildungen an Blüten und Blättern. Blattnematoden versuchen gelb-braune Flecken, die ein mosaikartiges Bild ergeben. Befallenen Blätter werden schwarz und vertrocknen.
Vorbeugung/Bekämpfung: Nur gesunde Stauden pflanzen. Stets von unten wässern. Stark befallene Pflanzen entfernen (nicht kompostieren).

Raupen

Schädigung der Blätter durch Fraßspuren der Raupen.
Vorbeugung/Bekämpfung: Versuchen Sie, die Raupen auf andere Nahrungsquellen wie Brennnesseln umzusiedeln, wobei viele Schmetterlinge und deren Raupen eine ganz bestimmte Hauptnahrungspflanze haben und diese bevorzugt aufsuchen. Deshalb sollten Raupen ggf. abgesammelt werden.

Nacktschnecken

Frassspuren an den Blättern und Blüten und Schneckenschleim verraten den Befall mit Nacktschnecken.
Vorbeugung/Bekämpfung: Schnecken früh morgens oder in der abendlichen Dämmerung absammeln. Schneckenfallen oder Schneckenzäune aufstellen. Das Staudenbeet mit Splitt mulchen.

Wühlmäuse

Stauden wachsen nicht mehr, sterben, weil Wühlmäuse deren Wurzeln auffressen. Deutlich sichtbare Wühlgänge und Erdhaufen deuten auf die Nager hin.
Vorbeugung/Bekämpfung: Zwiebel- und Knollenpflanzen in Pflanzenkörben setzen. Mäuseabweisende Pflanzen wie Knoblauch oder Kaiserkronen zwischen andere Stauden setzen. Fallen aufstellen und die Tiere damit konsequent bejagen.

Dickmaulrüssler

Buchtenförmige Fressspuren des nachtaktiven Käfers an den Blatträndern. Das Pflanzenwachstum stockt. Die Käfermaden fressen an den Staudenwurzeln und am Stängelgrund.
Vorbeugung/Bekämpfung: Käfer können mit Fallen bekämpft werden, die mit speziellen Nematoden gefüllt sind. Noch wichtiger ist jedoch die Bekämpfung der Larven mit Nematoden. Die Nematodenfalle und Nematoden gegen die Larven gibt es im Fachhandel oder Fachversand.

KRANKHEITEN

Wenn Stauden unter Flecken, dunklen Punkten, weißem Belag oder Schimmelbefall leiden, sind Pilzkrankheiten, ein Virusbefall oder eine Bakterieninfektion daran schuld. Pilzkrankheiten können Sie mit Fungiziden bekämpfen, aber gegen Viren und Bakterien kann man nicht spritzen.

Echter Mehltau

Die Anfälligkeit für Mehltau hängt stark von den jeweiligen Sorten einer Staudenart und dem jeweiligen Standort ab. Besonders häufig sind Sommer-Phlox, Rittersporn und Astern betroffen. Es bildet sich ein weißer Belag auf den Blattober- und Unterseiten sowie auf den Blüten, Knospen und Trieben. Befallene Stellen sterben ab. Echter Mehltau tritt vermehrt bei hohen Temperaturen und hoher Luftfeuchtigkeit auf.
Vorbeugung/Bekämpfung: Mehltauresistente Sorten pflanzen. Extrem sonnige Lagen, eine starke Stickstoffdüngung und ein zu enges Pflanzen vermeiden. Befallene Pflanzenteile entfernen, vor allem auch im Herbst, da Fruchtkörper auf abgestorbenen Pflanzenteilen überwintern, und per Hausmüll entsorgen.

Falscher Mehltau

Falscher Mehltau zeigt sich durch unregelmäßige Flecken auf den Blattoberseiten und weißgrauern Schim-

melbelag an den Blattunterseiten. Er tritt gern an Christrosen, Sonnenblumen und Veilchen auf. Befallene Pflanzenteile sterben ab. Dieser Pilzbefall tritt häufig bei hoher Luftfeuchtigkeit und Lichtmangel auf.
Vorbeugung/Bekämpfung: Resistente Sorten pflanzen. Auf luftige, sonnige Standorte achten. Nicht zu eng pflanzen. Morgens wässern und nicht über die Blätter gießen.

Rostpilze

Ab dem Frühsommer zeigen sich gelb- bis braunrote kleine Flecken auf der Blattoberseite. Später erscheinen bräunlich bis rotorange Pusteln auf den Unterseiten. Dieser Pilzbefall tritt häufig bei Glockenblumen, Stockrosen und Iris auf. Er wird durch nasse Witterung begünstigt.
Vorbeugung/Bekämpfung: Resistente Sorten pflanzen und ausgewogen düngen. Blattnässe vermeiden. Fungizide. Befallene Blätter entfernen und abgestorbene Pflanzenteile entsorgen.

Grauschimmel (Botrytis)

Knospen und Triebe werden mit grauem Schimmelpilz überzogen. Hohe Luftfeuchtigkeit fördert die Ausbreitung des Pilzbefalls.
Vorbeugung/Bekämpfung: Nur morgens wässern und Blattbenetzung vermeiden. Helle, luftige Standorte wählen. Vermeiden Sie Über- oder Unterernährung der Stauden. Befallene Pflanzen komplett entfernen und entsorgen und die nun freie Pflanzstelle nicht mit der gleichen Art wieder besetzen.

Blattflecken

Schwarze, rotbraune, blauviolette oder weißliche Flecken überziehen die Blätter, zum Beispiel von Pfingstrosen oder Iris. Die Flecken können durch Pilze, aber auch durch Bakterien verursacht werden.
Vorbeugung/Bekämpfung: Für optimale Versorgung und besten Standort sorgen. Bei starkem Befall ggf. Ursache im Fachhandel untersuchen und bestimmen lassen, damit angemessen reagiert werden kann. Liegt ein bakterieller Erreger vor, zum Beispiel bei der Schwarzfleckenkrankheit von Rittersporn, muss die kranke Staude entfernt werden.

ROBUSTE SORTEN WÄHLEN

Manche Stauden leiden häufig unter Pilzkrankheiten. Speziell bei diesen ist es sinnvoll, robuste, krankheitsresistente Sorten auszuwählen.

Rittersporn leidet stark unter den starken Temperaturschwankungen und -extremen, die uns der Klimawandel eingebracht hat, sodass viele ehemals gute Sorten sich nun krankheitsanfälliger zeigen. Die folgenden Sorten sind noch empfehlenswert: *Delphinium-elatum-*Hybride 'Waldenburg', 'Sommerwind', 'Augenweide', 'Lanzenträger'

Indianernessel *(Monarda-fistulosa-*Hybriden) 'Marshall's Delight', 'Violetta', 'Aquarius', 'Elise's Lavender', 'Fishes', 'Purple Ann'

Kissen-Aster *(Symphiotrichon dumosus-*Hybriden) 'Apollo', 'Blaue Lagune', 'Blauer Gletscher', 'Niobe', 'Rosenwichtel', 'Herbstgruß vom Bresserhof', 'Zwergenhimmel'

Raublatt-Aster *(Symphiotrichon novae-angliae):* 'Alma Pötschke', 'Violetta', 'Andenken an Paul Gerber', 'Barr's Pink', 'Herbstschnee'

Glattblatt-Aster *(Symphiotrichon novi-belgii):* 'Rosenquarz', 'Rosa Perle', Karminkuppel', 'Blütenmeer', 'Dauerblau'

Sommer-Phlox (*Phlox paniculata-*Hybriden) 'Düsterlohe', 'Landhochzeit', 'Weiße Wolke', 'Uspech', 'Robert Poore', 'Popeye', 'Lichtspiel', 'Barnwell', 'Bright Eyes', 'Eva Cullum', 'Freudenfeuer', 'Flamingo', 'Judy', 'Wennschondennschon'

Wiesen-Phlox *(Phlox maculata)* 'Natascha'

Großblatt-Phlox *(Phlox amplifolia)* 'David', 'Minnehaha', 'Winnetou'

AUTOREN & MITWIRKENDE

Bettina Rehm-Wolters

Bettina Rehm-Wolters hat eine Ausbildung zur Garten- und Landschaftsbaugärtnerin absolviert, danach an der Fachhochschule Osnabrück studiert und ist Diplom-Ingenieurin der Landespflege. Sie war viele Jahre Redakteurin bei „Mein schöner Garten“ und hat dort unter anderem das Ressort „Stauden“ betreut. Heute arbeitet sie freiberuflich als Gartenjournalistin und Gartenfotografin und lebt im niedersächsischen Stuhr.

Markus Zeiler

Markus Zeiler ist Parkleiter auf der Insel Mainau. Nach seiner Ausbildung zum Gärtner in Pfullingen bei Reutlingen studierte er von 1996 bis 2000 Landespflege an der Fachhochschule Nürtingen. Seit September 2000 arbeitet er als Park- und Gartenplaner auf der Insel Mainau und ist seit April 2007 verantwortlicher Parkleiter auf der Blumeninsel im Bodensee.

Folko Kullmann

Dr. Folko Kullmann studierte Gartenbauwissenschaften in Weihenstephan und promovierte an der Technischen Universität München. Nach Stationen in Europas größter Baumschule und im Botanischen Garten Kew (London) arbeitet er seit 2004 als Buchautor, Gartenjournalist, Lektor und Übersetzer. Er war von 2016 bis 2024 Präsident der Gesellschaft der Staudenfreunde e.V., und von 2018 bis 2022 Chefredakteur der Magazine „Gartenpraxis“ und GÄRTEN – Magazin für Gestaltung“. Seit 2006 ist Chefredakteur der Zeitschrift „der Staudengarten“.

Gesellschaft der Staudenfreunde e.V.

Die Gesellschaft der Staudenfreunde e.V. (GdS) ist mit rund 6.000 Mitgliedern eine der größten Pflanzenliebhabergesellschaft Europas und hat Mitglieder in Deutschland, Österreich und der Schweiz. Sie gliedert sich in 40 Regionalgruppen und 18 Fachgruppen, deren Mitglieder sich einzelnen Pflanzengruppen wie Gräsern, Pfingstrosen, Wildstauden, Farnen oder Funkien widmen.

DANKSAGUNG

Unser Dank gilt den GdS-Mitgliedern für die Beratung bei den Staudenporträts und die Bereitstellung von passendem Bildmaterial: Katharina Adams (Gräser), Volker Klehm (Iris), Ralf Neugebauer (Lilien), Joachim Tjaden (Hosta), Thomas Seiler (Päonien) sowie Gerd Oellermann für die Erstellung des Beitrags über Hemerocallis.

ADRESSEN

GESELLSCHAFT DER STAUDENFREUNDE E.V.

Die Gesellschaft der Staudenfreunde (GdS) ist eine Vereinigung von Pflanzenfreunden - Spezialisten wie auch Liebhaber finden bei uns ein „Zuhause". Unsere Aufgabe sehen wir in der Verbreitung und Förderung der Stauden: wir wollen das Wissen über diese Pflanzen nicht nur bewahren, sondern weiter entwickeln und vor allem weiter geben.

Geschäftsführer
Dr. Folko Kullmann
Königstr. 10 b
70173 Stuttgart
www.gds-staudenfreunde.de

BUND DEUTSCHER STAUDENGÄRTNER

im Zentralverband Gartenbau e.V. (ZVG)
Bornheimer Strasse 37
53111 Bonn
www.stauden.de
www.bund-deutscher-staudengaertner.de

MISCHPFLANZUNGEN

Mischpflanzungen sind die einfachste Möglichkeit, eine vielgestaltige und dynamische Staudengemeinschaft zu erzielen. Die für die unterschiedlichen Lebensbereiche entwickelten und geprüften Mischungen sind einsehbar auf der Seite
www.staudenmischungen.de
www.bund-deutscher-staudengaertner.de

STAUDENSTERNE

Neue Sorten zu entdecken und auszuprobieren, hat für viele Staudenfans einen besonderen Reiz – aber welche der zahlreichen Auslesen und Züchtungen soll es bloß sein? Was zeichnet eine gute Sorte aus? Neben einer ansprechenden Optik kommt es auch auf die inneren Werte an. Der Arbeitskreis Staudensichtung im Bund deutscher Staudengärtner möchte die Verbreitung attraktiver, gesunder und langlebiger Sorten fördern. Die Ergebnisse der Staudensichtung werden laufend aktualisiert und sind abrufbar unter: staudensterne.de

STAUDENGÄRTNEREIEN

Die folgenden Gärtnereien (nach Postleitzahlen sortiert) verkaufen Stauden an Privatkunden und/oder haben einen Onlineshop. Vor einem Besuch sollten Sie sich auf den jeweiligen Homepages nach den Öffnungszeiten erkundigen.

DEUTSCHLAND

Spezialbetrieb für winterharte Zierpflanzen
Siegfried Stübler
Am Heidehof 37
01468 Moritzburg-Steinbach
www.staudenstuebler.de

Die Staudenpalette
Kirchweg 18
01796 Pirna OT Graupa
www.die-staudenpalette.de

Staudengärtnerei Manig
Parkweg 19
04938 Uebigau
www.stauden-manig.de

Foerster-Stauden GmbH
Am Raubfang 6
14469 Potsdam-Bornim
www.foerster-stauden.de

Karsten Klimke Staudenkulturen
Platz der Jugend 15
14959 Trebbin OT Wiesenhagen
www.klimke-stauden.de

Härlen Staudengärtnerei
Unter den Linden 100
21435 Stelle
www.haerlen-stauden.de

Staudenkulturen Klingel + Luckhardt
Fliederweg 10
21789 Wingst
www.stauden-klingel-luckhardt.de

Pflanzenkulturen Tolksdorf & Beckers
Heidkamp 12 a
24326 Kalübbe
www.biostauden-tb.de

Heischhof-Stauden
Heischhof
24796 Krummwisch
www.heischhof-stauden.de

Bremermann Stauden
Jörn Bremermann
Neuenkruger Str. 5
26215 Gristede/Wiefelstede
www.bremermann-stauden.de

Staudengärtnerei Wichmann
Wallweg 1
26215 Wiefelstede
www.stauden-wichmann.de

Staudengärtnerei Mühring
Hauptstraße 167
26810 Westoverledingen-Völlenerfehn
www.stauden-muehring.de

Staudengärtner Groß
Königsweg 1
26842 Ostrhauderfehn-Holterfehn
www.stauden-gross.de

Pöppel-Stauden
Hauptstr. 95/An der B 51
28816 Stuhr-Seckenhausen
www.poeppel-stauden.de

Stauden-Siebler
Am Toggraben 1
29690 Schwarmstedt
www.stauden-siebler.de

Lohhof-Stauden
Lohhof 28
31600 Uchte
www.lohhof-stauden.de

Stauden Junge
Seeangerweg 1
31787 Hameln-Wehrbergen
www.stauden-junge.de

Stauden-Setter
Neunkirchener Str. 451
33334 Gütersloh-Spexard
www.stauden-setter.de

Staudenkulturen Wauschkuhn
Mühlenberg 7 / Tiefe Wiesen 1
34346 Hann. Münden
www.staudenkulturen-wauschkuhn.de

Stauden Volkmann
Schillerstr. 34
35452 Heuchelheim
www.stauden-volkmann.de

Floragarten Weinreich
Neue Str. 1
39326 Wolmirstedt
www.floragarten-weinreich.de

Hortvs Peter Janke Gartenkonzepte
Hochdahler Straße 350
40724 Hilden
www.peter-janke-gartenkonzepte.de

Anja Maubach
Arends Staudengärtnerei –
Gartenschule – Gartenplanung
Monschaustraße 76
42369 Wuppertal
www.anja-maubach.de

Staudengärtnerei Thiemann
Ludger Thiemann
Speckhorner Str. 213
45659 Recklinghausen

Staudenkulturen Stade
Beckenstrang 24
46325 Borken-Marbeck
Telefon: 02861-2604
www.stauden-stade.de

Stauden Becker
Försterstraße 42
46539 Dinslaken
www.stauden-becker.de

Staudenkulturen Friedhelm Wilxmann
Friedhelm Wilxmann
Im Busch 1
49170 Hagen a. T.W.
www.stauden-wilxmann.de

Staudengärtnerei Gregor Möller
Mittelhauk 16
49624 Löningen

Wasserpflanzen Wolff
Schönthal 5
52379 Langerwehe
www.wasserpflanzen-wolff.de

Staudenkulturen Kissener
Himmerichweg 10
53227 Bonn-Beuel
www.stauden-kissener.de

Schweiss Staudenkulturen
Rheinbacher Straße 167
53501 Grafschaft-Bölingen
www.schweiss-stauden.de

Wildpflanzen-Gärtnerei Strickler
An der B271
55234 Kettenheim
www.gaertnerei-strickler.de

Staudengärtnerei Schnell
Leifringhauserstraße 60
58511 Lüdenscheid
www.stauden-schnell.de

Otte Containerstauden
Oelder Tor 63
59302 Oelde OT Stromberg
www.otte-stauden.de

Staudengärtnerei Eidmann
Groß-Umstädterstr. 20
64823 Groß-Umstadt-Semd
www.staudengaertnerei-eidmann.de

Baumschule Karl Schneider
Mittelpfad
65205 Wiesbaden-Erbenheim
www.karlschneider.de

Staudengärtnerei Kirschenlohr
Im Lammsbauch 29
67346 Speyer
www.stauden-kirschenlohr.de

Stauden-Drumm
Peterhof
67374 Hanhofen
www.stauden-drumm.de

Baumschule Huben
Andreas Huben
Schriesheimer Fußweg 7
68526 Ladenburg
www.huben.de

Michael Moll Winterharte Gartenstauden
Leinfelder Str. 37
70771 Leinfelden-Echterdingen
www.moll-stauden.de

Gropper-Stauden
Schafhofäcker 2
71334 Waiblingen
www.gropper-stauden.de

Häussermann Stauden und Gehölze
Im Kornfeld 4
71696 Möglingen
www.haeussermann.com

Stauden & Kräuter
Sindelfinger Str. 85
72070 Tübingen
www.stauden-jantzen.de

Staudengärtnerei Schöllkopf
Gewann Heckwiesen
72770 Reutlingen-Betzingen
www.staudengaertnerei.net

Fehrle-Stauden
Am Paulushaus
73527 Schwäb. Gmünd
www.fehrle-stauden.de

Staudenkulturen Ernst Heppler
Unterzaunstr. 23
78073 Bad Dürrheim-Öfingen

Stauden Müller
Im Sol 1
78609 Tuningen
www.staudenmueller-tuningen.de

Staudengärtnerei Gräfin von Zeppelin
Weinstr. 2
79295 Sulzburg-Laufen
www.graefin-von-zeppelin.de

Stauden Panitz
Am Frauenwald 1
84056 Rottenburg
www.stauden-panitz.de

Stauden Haid
Albert-Schweitzer-Str. 33
85049 Ingolstadt
www.stauden-haid.de

Gärtnerei Hofstetter Mühle
Mühlenweg 34
88633 Heiligenberg
www.bambuswald.de

Staudengärtnerei Gaißmayer
Jungviehweide 3
89257 Illertissen
www.gaissmayer.de

Staudenkulturen Doris Ehrhardt & Stefan Ort
Neustadter Str. 25
91085 Weisendorf
www.stauden-ehrhardt.de

Staudengärtnerei Augustin
Neunkirchener Str. 15
91090 Effeltrich
www.stauden-augustin.de

Staudengärtnerei Rainer Goldmann
Kreben 5
91452 Wilhermsdorf/LKr. Fürth
www.goldmann-stauden.de

Gartenbaubetrieb Tobias Kuck
Walder Straße 3
91710 Gunzenhausen-Unterwurmbach
www.kuck-unterwurmbach.de

Bamberger Staudengarten
Gundelsheimer Str. 80
96052 Bamberg
www.bamberger-staudengarten.de

Die Staudengärtnerei
Till Hofmann & Fine Molz
Alte Iphöfer Str. 27 97348 Rödelsee
www.die-staudengaertnerei.de

Gärtnerei Klenart
Stotterheimer Str. 16
99087 Erfurt
www.klenart-stauden.de

Stauden- und Friedhofsgärtnerei Bartel
Am Tennisplatz 4
99092 Erfurt
www.gaertnerei-bartel.de

Staudengärtnerei Poltermann
Weimarische Straße 27f 99099 Erfurt
www.stauden-poltermann.de

ÖSTERREICH

Wasserpflanzen Lechner
Bahngasse 1
2231 Strasshof
www.wasserpflanzen-lechner.at

Sarastro Stauden
Ort 131 (Postadresse)
4974 Ort im Innkreis
www.sarastro-stauden.com

Stauden Kopf
Haltestellenweg 2
6832 Sulz
www.stauden-kopf.at

Staudengärtnerei im Thal
Thal 5
83564 Soyen
www.stauden-thal.de

Der Staudengärtner
Kiesweg
6842 Koblach
www.der-staudengaertner.at

SCHWEIZ

Eulenhof Staudengärtnerei
Schaufelgasse 34a
4313 Möhlin
www.eulenhof-stauden.ch

Staudengärtnerei M. Schulz
Schüpfenried
3043 Uettligen
www.schuepfenried.ch

Die Erlebnisgärtnerei
Haselweg 3
5235 Rüfenach
dieerlebnisgaertnerei.ch

Pflanzensammlung Emmen
Waltwil 51
6032 Emmen
www.pflanzensammlung.ch

Die Wildstaudengärtnerei
Neumühle 2
6274 Eschenbach LU
www.wildstauden.ch

florafutura
c/o Vincent Fehr
Vorstadt 46
8200 Schaffhausen
florafutura.ch

Stift Höfli Wildstaudengärtnerei
Im Berg 19b
8537 Nussbaumen
www.stift-hoefli.ch/wildstauden

Staudengärtnerei Roger Vogt
Wannenstrasse 21
8703 Erlenbach
www.vogtstauden.ch

SAATGUT

Jelitto Staudensamen
Postfach 1264
29685 Schwarmstedt
www.jelitto.com

Rieger-Hofmann
In den Wildblumen 7–13
74572 Blaufelden-Raboldshausen
www.@rieger-hofmann.de

Saatguttausch der Gesellschaft der Staudenfreunde e. V.
gds-staudenfreunde.de

BILDNACHWEIS

Bettina Banse: 184-1 | **Jürgen Becker:** 14 (Garten Ciska und Ireen Schmid, NL), 20/21 (Garten Ciska und Ireen Schmid, NL), 109 (Westfalenpark Dortmund), 122 (Design Piet Oudolf, NL), 140/141 (Westfalenpark, Dortmund), 132-1 | **Busse, Nina:** 136/137 | **Flora Press Agency:** 104 | **Flora Press/GAP:** 34-1, 34-2, 87, 94 | **Gartenbildagentur Friedrich Strauß:** /Dirk Mann 29, /Clive Nichols Photography 50/51, 116, 118, 119, 205 /Friedrich Strauß 181 | **Gartenfoto.at/Alice Thinschmidt und Daniel Böswirth:** 46, 49, 63-1, 178-2, 182, 183-2, 186 | **Till Hofmann:** 149-1 | **Volker Klehm:** 111-2, 111-3, 111-4, 111-5, 111-6 | **Sylvia Knittel:** 158-3 | **Christian Kreß, Sarastro Stauden:** 164-1, 164-2, 164-3 | **Folko Kullmann:** 9-1, 9-2, 132-2, 132-3, 178,4 | **Ferdinand Graf von Luckner:** 64-1, 64-2, 64-3 | **Mainau GmbH:** 24, 25-1, 25-2, 145, 146 | **Kristijan Matic:** 171 | **Volker Michael:** 28 (Design Ineke Greve, Garten: Huysde Dohm, Ineke Greve, Heerlen, NL), 52, 56 (Design WillekeVerschuur, Garten Rammekenshof, Willeke & Ruud Verschuur, Ritthem, NL), 58 (Design Dirk De Coster-Bernard, Garten Den Bosrand, Christ & Dirk De Coster-Bernard, Kaprijke, B), 70/71 (Design Wiel Caelen, Garten De Hostatuin, Kitty & Wiel Caelen, Honsbroek, NL), 77 (Design Dina Deferme, Garten Dina Deferme, Stokrooie, B), 90/1 (Design Karl Foerster, Garten Karl-Foerster-Garten, Potsdam-Bornim), 124 (Design Tom Stuart-Smith, Garten Broughton Grange Garden, Stephen Hester, Broughton, GB), 144 (Design Karl Foerster, Garten Karl-Foerster-Garten, Potsdam-Bornim), 154 (Design Tom Stuart-Smith, Garten Broughton Grange Garden, Stephen Hester, Broughton, GB), 161/162 (Design Weil Caelen, Garten De Hostatuin, Kitty & Weil Caelen, Honsbroek, NL) | **Ralf Neugebauer:** 35-1, 35-2 | **Marion Nickig:** 2/3, 8, 18, 32-2, 32-3, 36, 39, 44/45, 60, 82/83, 112, 115, 117, 123, 126-2, 126-5, 128, 131, 142-1, 142-2, 142-3, 149-2, 153-1, 166/167, 174-1, 174-2, 175-1, 175-2 | **Gerd Oellermann:** 54, 56-1, 56-2, 56-3, 56-4, 56-5, 56-6, 56-7, 56-8, 56-9, 56-10, 56-11, 56-12 | **Bettina Rehm-Wolters:** 4, 11-1, 11-2, 13-1, 13-2, 16-1, 16-2, 16-3, 16-4, 38, 40-1, 42-2, 42-3, 59, 74, 76-1, 79, 84, 86, 97-1, 97-2, 97-3, 97-4, 98-1, 98-2, 105, 106/107, 108, 114, 120, 138, 139-1, 139-2, 147, 168, 178-3, 183-1 | **Reinhard Tierfoto:** 22-1, 22-2, 23, 26, 27, 40-2, 53, 63-2, 66, 73, 93-1, 134, 153-2, 178-1, 180-1, 180-2, 193 | **Matthias Röttgen:** 88-1, 88-4 | **Karl-Heinz Rücker:** 42-1 | **Karl Schindler:** 32-1, 126-4 | **Shutterstock:** /Barbara Buderath 80/81, /La Huertina De Toni 191, /Sergey V. Kalyakin 201 | **Thomas Seiler:** 30-1, 30-2, 31-1, 31-2, 31-3 | **Staudengärtnerei Arends-Maubach:** 100-1, 100-2, 100-3, 102-1, 102-2, 102-3 | **Staudengärtnerei Gaißmayer:** 88-2, 88-3 | **Staudengärtnerei Gräfin von Zeppelin:** 150-1, 150-2, 150-3, 150-4, 150-5 | **Zsu Szabo:** 158-1 | **Tomas Tamberg:** 111-1 | **Annette Timmermann:** 12, 68, 69, 72 (Garten van Delden, »Tuinfleur«), 76-2, 93-2, 99, 130, 156 (Design Andy Sturgeon), 160, 173-1, 173-2, 173-3, 173-4, 176, 188, 189-1, 189-2, 190-1, 190-2

„Gärtnern ist kulturelle Tätigkeit.“

ERNST PAGELS

REGISTER

Q

R

S

T

V

W

Z

*„Neue Knospen keimen.
Das Leben gehört
den Lebendigen an,
und wer lebt, muss
auf Wechsel gefasst sein."*

JOHANN WOLFGANG VON GOETHE

CALLWEY

Bücher machen glücklich

seit 1884

Seit seiner Gründung hat sich der Callwey Verlag als einer der führenden deutschen Verlage etabliert, bekannt für seine hochwertigen Publikationen in den Bereichen Architektur, Design, Garten, Wohnen und Lifestyle. Was vor mehr 140 Jahren mit der Gründung einer Verlagsbuchhandlung durch Georg D.W. Callwey begann, entwickelte sich schnell zu einem renommierten Verlagshaus, das Generationen von Lesern inspiriert.
Die inzwischen vierte Generation führt das Erbe mit derselben Hingabe und demselben Innovationsgeist fort, die schon die Gründer angetrieben haben.

Der Callwey Verlag steht für Inspiration, Kreativität und höchste Qualität. Jedes Buch, das das Verlagshaus verlässt, ist ein Meisterwerk für sich, oft über Jahre hinweg geplant und entwickelt, sorgfältig kuratiert, gestaltet und mit den besten Papieren liebevoll verarbeitet – seit 1884 hat sich hieran nichts verändert.

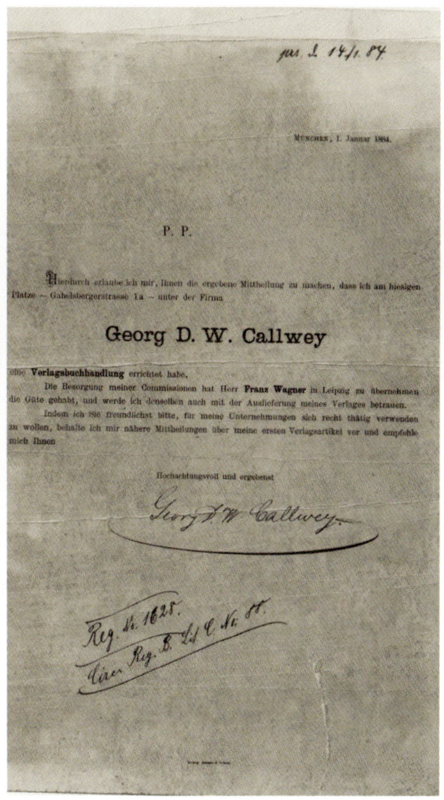

München, 1. Januar 1884.

P. P.

Hierdurch erlaube ich mir, Ihnen die ergebene Mittheilung zu machen, dass ich am hiesigen Platze – Gabelsbergerstrasse 1a – unter der Firma

Georg D. W. Callwey

eine **Verlagsbuchhandlung** errichtet habe.

Die Besorgung meiner Commissionen hat Herr **Franz Wagner** in Leipzig zu übernehmen die Güte gehabt, und werde ich denselben auch mit der Auslieferung meines Verlages betrauen.

Indem ich Sie freundlichst bitte, für meine Unternehmungen sich recht thätig verwenden zu wollen, behalte ich mir nähere Mittheilungen über meine ersten Verlagsartikel vor und empfehle mich Ihnen

Hochachtungsvoll und ergebenst

Georg D. W. Callwey

Eine Reise durch die Jahrhunderte: Die historischen Verlagsräume, Mitarbeiterinnen und Mitarbeiter des Verlags in den 20er und 60er Jahren, der Verlagsgründer Georg D.W. Callwey, Mitglieder der Verlegerfamilie, darunter Marcella Prior-Callwey.

IMPRESSUM

CALLWEY 1884

©2025 Callwey GmbH
Klenzestraße 36
80469 München
buch@callwey.de
Tel.: +49 89 8905080-0
www.callwey.de

Wir sehen uns auf Instagram:
www.instagram.com/callwey

ISBN 978-3-7667-2794-7
1. Auflage 2025

Bibliografische Information der Deutschen Nationalbibliothek Die Deutsche Nationalbibliothek verzeichnet diese Publikation in der Deutschen Nationalbibliografie; detaillierte bibliografische Daten sind im Internet über dnb.dnb.de abrufbar.

Dieses Buch wurde in CALLWEY-QUALITÄT für Sie hergestellt
Beim Inhaltspapier haben wir uns für ein MagnoMatt in 150 g/m2 entschieden – ein matt gestrichenes Bilderdruckpapier. Die gestrichene, mattierte Oberfläche gibt dem Inhalt einen edlen und hochwertigen Charakter. Die Hardcover-Gestaltung wurde mit einem UV-Lack und einer Mattfolien-Cellophanierung veredelt.
Dieses Buch wurde in Europa gedruckt und gebunden bei DZS Grafik.

Viel Freude mit diesem Buch wünschen Ihnen:
Projektleitung: ANNA SEIDEL
Lektorat: DR. FOLKO KULLMANN, KULLMANN & MATIC GBR
Schlusskorrektur: KULLMANN & MATIC GBR
Gestaltung & Satz: HEIKE KLUGE
Herstellung: OLIVER MEIER
Art Direction: MARIO LOMBARDO

Hinweis: Uns ist es ein Anliegen, dass sich alle Geschlechter wahrgenommen und wertgeschätzt fühlen. Im Sinne einer besseren Lesbarkeit der Texte verzichten wir jedoch auf die gleichzeitige Verwendung der Sprachformen männlich, weiblich und divers (m/w/d). Wo dies möglich ist, bemühen wir uns darum, alle Formen miteinzubeziehen, oder um neutrale Formulierungen. Sämtliche Personenbezeichnungen gelten gleichermaßen für alle Geschlechter.